Krishna Prasad Upadhya

Impacto da variabilidade climática na produção de trigo na região central do Nepal

Krishna Prasad Upadhya

Impacto da variabilidade climática na produção de trigo na região central do Nepal

ScienciaScripts

Imprint

Cover image: www.ingimage.com

This book is a translation from the original published under ISBN 978-3-659-25007-1.

Publisher:
Sciencia Scripts
is a trademark of
Dodo Books Indian Ocean Ltd. and OmniScriptum S.R.L publishing group

120 High Road, East Finchley, London, N2 9ED, United Kingdom
Str. Armeneasca 28/1, office 1, Chisinau MD-2012, Republic of Moldova, Europe
Printed at: see last page
ISBN: 978-620-8-30206-1

ÍNDICE

RECONHECIMENTO

Este é o esforço sinérgico de várias pessoas, sem as quais eu não poderia ter imaginado este trabalho tal como ele é hoje.

Gostaria de expressar a minha profunda gratidão ao Professor Surya Mani Dhungana, presidente do comité consultivo, pela sua valiosa orientação, apoio constante, encorajamento e supervisão, bem como pela sua correção crítica durante todo o período do meu estudo.

Estou profundamente grato ao Professor Santosh Marahatta, membro do comité consultivo, pelos seus comentários construtivos durante a preparação da tese. O Departamento de Economia Agrícola, IAAS, também é reconhecido por fornecer ideias valiosas para o trabalho de investigação.

Gostaria de estender os meus sinceros agradecimentos aos meus colegas de departamento Subodh Raj Bhattarai, Umesh Sapkota, Sandip Subedi, Biplov Oli pela sua cooperação e encorajamento durante o período de estudo. Gostaria de agradecer a Dinesh Marasini, Narayan P. Tiwari, Nirp Raj Joshi, Soonel Dulal, Ram Prakash Yadav, Arjun Subedi, Yogendra Raj Upadhaya, Bishal Khadka, Aman Bhatta, Prakash Adhikari, Jitendra Barailee, Sachit Malla, Bikal Ghimire, Mahesh Kunwar, Anuma Dangol, Sarita Lamichhane, Dipa Shrestha, Dipika Timisina, Sudha GC, Kiran Bamanu e todos os jovens e adultos que me ajudaram direta ou indiretamente durante o período de estudo.

Expresso a minha gratidão ao Programa Nacional de Investigação do Milho (NMRP), Departamento de Hidrologia e Meteorologia, pelo fornecimento de dados climáticos. Gostaria de agradecer ao cientista sénior, Sr. Ghan Shyam Bhandari, pelo seu apoio durante o trabalho.

Expresso o meu profundo sentimento de gratidão ao Sr. Suryamani Dhungana por ter disponibilizado o orçamento para este trabalho. Devo e expresso a minha sincera gratidão a todos os agricultores e inquiridos que participaram no nosso estudo e cooperaram para que o meu trabalho valesse a pena.

Gostaria de expressar os meus agradecimentos e a minha mais sincera gratidão e respeito aos meus avós e queridos pais, Sr. Gobinda Upadhya e Sra. Devi Upadhya, pela sua máxima cooperação, sacrifício, inspiração, bênção sincera e encorajamento durante todo o período do meu estudo.

ABREBERAÇÕES

APP	Agriculture Perspective Plan
CBS	Central Bureau of Statistics
DADO	District Agriculture Development Office
DLSO	District Livestock Service Office
FAO	Food and Agricultural Organization
HH	Household
IAAS	Institute of Agriculture and Animal Science
IFPRI	International Food Policy Research Institute
INGO	International Non Governmental Organization
LI- BIRD	Local Initiatives for Biodiversity Research and Development
MSL	Mean Sea Level
MOAD	Ministry of Agricultural Development
NAPA	National Adaptation Plan of Action
NARC	Nepal Agriculture Research Council
NGO	Non Governmental Organization
NPC	National Planning Commission
SPSS	Statistical Package for Social Science
TU	Tribhuvan University
VDC	Village Development Committee
WFP	World Food Programme

EQUIVALENTES

Months

Nepali Calendar	Gregorian Calendar	
Baisakh	Mid April	– Mid May
Jestha	Mid May	– Mid June
Ashad	Mid June	– Mid July
Shrawan	Mid July	– Mid August
Bhadra	Mid August	- Mid September
Aswin	Mid September	– Mid October
Kartik	Mid October	– Mid November
Mangsir	Mid November	– Mid December
Poush	Mid December	– Mid January
Magh	Mid January	– Mid February
Falgun	Mid February	– Mid March
Chaitra	Mid March	– Mid April

Area

1 Kattha = 20 Dhur

1 Bigha = 20 Kattha = 13.31 Ropani = 0.68 Hectares

1 Hectare = 30 Kattha = 19.66 Ropani

Weight

1 Ton = 10 Quintals = 1000 kg

RESUMO

A agricultura é a base de sustentação da maioria da população e a fonte de subsistência da maior parte da população nepalesa. São sobretudo os pequenos agricultores que praticam uma agricultura de subsistência que são fortemente afectados pelas alterações climáticas e pelas suas implicações na agricultura. O padrão de variação climática extrema é responsável pela baixa produção agrícola, acelerando assim o problema da insegurança alimentar. Foi realizado um inquérito para estudar os impactos da variabilidade climática na produção de trigo na região central do Nepal. O estudo foi efectuado nos municípios de Nilkantha-7 e 8 de Dhading e no município de Chitrawan, Gunjanagar de Chitwan. Sessenta agricultores de cada local foram selecionados aleatoriamente para o estudo. Os dados primários foram recolhidos a partir de um calendário de entrevistas pré-testado, da observação direta e de discussões em grupos de reflexão. A maioria dos agricultores (81,67%) apercebeu-se de alterações na variabilidade climática nos últimos anos, com precipitações erráticas no inverno em ambos os distritos. O estudo revelou que mais de 80% dos agricultores se aperceberam da dinâmica das pragas na zona de estudo. (90%) dos agricultores consideraram que a temperatura estival tinha aumentado e 50% dos agricultores consideraram que o aumento da temperatura estival tinha acompanhado a diminuição da biodiversidade. A análise das tendências revelou que a precipitação anual diminuiu significativamente ao longo do ano. Em Chitwan, a temperatura média anual e a temperatura máxima estão a diminuir, mas a temperatura mínima está a aumentar, enquanto em Dhading a temperatura máxima está a aumentar, em contraste com a diminuição da temperatura média anual e da temperatura mínima. A análise das tendências apoia fortemente a perceção dos agricultores de que o verão era mais quente e o inverno menos frio do que no passado em Dhading, o que contrasta com Chitwan. A produtividade do trigo aumentou, embora a área cultivada com trigo tenha diminuído, o que pode não se dever apenas aos impactos das alterações climáticas, mas a outros factores, como uma melhor gestão, uma melhor adubação, a utilização de variedades melhoradas e a disponibilidade de água de irrigação, etc. Mas a temperatura máxima sazonal foi significativa ($P<0,05$) na redução da produtividade em Chitwan e a temperatura mínima sazonal é significativa ($P<0,1$) na redução da produtividade em Dhading. Para fazer face aos impactos das alterações climáticas, os agricultores utilizaram várias medidas de adaptação com base na sua própria experiência, ajustando as suas práticas agrícolas, como a utilização de maior quantidade de estrume e fertilizantes, a mudança de variedade, a alteração da época de sementeira, a diversificação das culturas, a gestão da irrigação e a utilização de variedades de arroz de curta duração.

CAPÍTULO 1. INTRODUÇÃO

1.1 Antecedentes

As alterações climáticas referem-se a qualquer mudança no clima ao longo do tempo, seja devido à variabilidade natural ou em resultado da atividade humana (IPCC, 2007). A variabilidade climática é a variação de ano para ano, enquanto o clima é uma mudança a longo prazo na distribuição estatística do padrão meteorológico, incluindo a temperatura média e a precipitação ao longo de períodos de tempo. As alterações climáticas são um fenómeno que se deve às emissões de gases com efeito de estufa provenientes da combustão de combustíveis, da desflorestação, da urbanização e da industrialização (Upreti, 1999), que resultam em variações da energia solar, da temperatura e da precipitação. A agricultura é o sector mais vulnerável às alterações climáticas. A produtividade agrícola está a ser afetada por uma série de factores das alterações climáticas, incluindo o padrão de precipitação, o aumento da temperatura, as alterações nas datas de sementeira e colheita, a disponibilidade de água, a evapotranspiração e a adequação das terras. Todos estes factores podem alterar o rendimento e a produtividade agrícola (Harry *et al.,* 1993). O impacto das alterações climáticas na agricultura é múltiplo, incluindo a diminuição da produção agrícola e o encurtamento do período de crescimento das culturas.

O trigo *(Triticum aestivum* L.) é o principal cereal do mundo e, no caso do Nepal, ocupa o terceiro lugar em termos de área, produção e consumo. A singularidade do trigo em relação a outros cereais reside no facto de o seu grão conter uma proteína de glúten que permite produzir uma vasta gama de produtos finais (CMMYT, 2002). Representa 22% da área (754243 ha) da produção total de cereais e 20% (1727346 toneladas) da produção total de cereais do país, com uma produtividade de 2,29 t/ ha (MoAD, 2014).

Cerca de 84% do total de trigo cultivado é cultivado no âmbito do sistema de cultura arroz-trigo (Timsina et al., 2001). Como a agricultura nepalesa é dominada pela chuva e a cultura do arroz é seguida pela do trigo, enfrenta uma seca invernal com stress de temperatura elevada. Além disso, a mudança da precipitação das monções de Jestha-Asar para Shrawan-Bhadra, possivelmente devido às alterações climáticas, agravou o problema.

As alterações climáticas estão a ter um efeito desproporcionado na vida das pessoas que vivem na pobreza nos países em desenvolvimento. Para os países em desenvolvimento como o Nepal, as alterações climáticas não são apenas um fenómeno ambiental, mas também uma questão económica, social e política. O Nepal é um dos países mais vulneráveis do mundo no que respeita às alterações climáticas. Alguns dos indícios das alterações climáticas são: atraso e pré-monção, seca prolongada, precipitação invulgar, diminuição dos dias de chuva e precipitações intensas que provocam um maior escoamento superficial e uma baixa recarga das águas subterrâneas. Por este motivo, a produção agrícola e o seu futuro foram postos em causa.

1.2Declaração do problema

As alterações climáticas implicam, talvez de forma mais grave, alterações na frequência e magnitude dos fenómenos meteorológicos extremos. No sector agrícola, os impactos estão associados ao rendimento das culturas, à alteração do padrão de cultivo, à redução da capacidade produtiva do gado, à perda de agrobiodiversidade valiosa, à alteração da composição e do coberto florestal, à perda de ecossistemas, ao aumento das descargas dos rios, às inundações repentinas e à erosão das margens dos rios, à deslocação do eco-tom, à alteração da navegação aquática, à descida do nível do lençol freático, às ondas de frio e aos ventos quentes, aos longos períodos de seca e, em última análise, à diminuição da produção agrícola e à ameaça à segurança alimentar (Pokhrel, 2007).O Banco Mundial (2003) referiu que todos os países são vulneráveis às alterações climáticas, mas que os países mais pobres e as pessoas mais pobres são os mais vulneráveis.

Com uma média de $0,06^{0}$ C/ano, registou-se no país um aumento da temperatura de 1975 a 2006 de $1,8^{o}$ C. A temperatura média anual está a aumentar nas principais bacias do país, tendo-se verificado que é de $0,12^{0}$ C/ano (Bhandari e Ghimire, 2007). Estas bacias são altamente susceptíveis às catástrofes induzidas pelas alterações climáticas. Atualmente, estima-se que cerca de 3,4 milhões de pessoas necessitem de assistência alimentar no Nepal devido a uma combinação de catástrofes naturais que afectam a produção agrícola e o aumento dos preços dos alimentos. A seca do inverno de 2008/2009 no Nepal foi uma das piores de que há registo, tanto em termos de precipitação como de extensão da área afetada. As inundações das monções são mais frequentes e menos previsíveis, o que torna mais difícil preparar-se e fazer face à variabilidade climática nas regiões do Terai.

Devido às más práticas de adaptação e aos fracos apoios institucionais, à falta de melhores conhecimentos agrícolas sobre a diversificação das culturas e à falta de insumos adequados e de crédito na altura certa, as pessoas pobres, marginalizadas e desfavorecidas das zonas de risco, que dependem exclusivamente dos recursos naturais e de factores sensíveis ao clima, como a agricultura, a silvicultura e a biodiversidade, para a sua subsistência, são mais vulneráveis aos impactos das alterações climáticas. A maioria dos agricultores depende da chuva da monção para o cultivo das culturas. Por conseguinte, as alterações do padrão de precipitação ser-lhes-ão fatais. Foi necessário identificar os prováveis pontos críticos que já eram vulneráveis e que são susceptíveis de sofrer impactos substanciais das alterações climáticas.

1.3Fundamentação/justificação do estudo

As alterações climáticas são reais e estão em curso, pelo que é necessário proceder a uma avaliação económica do impacto das alterações climáticas na produção vegetal e identificar adequadamente as medidas de adoção e de atenuação. A falta de conhecimentos sobre as alterações climáticas e os seus impactos no seu sistema agrícola, bem como os fracos apoios institucionais para fazer face a esses impactos e os fracos conhecimentos sobre a diversificação dos meios de subsistência estão a ameaçar as comunidades agrícolas. A maioria dos agricultores depende da chuva da monção para o cultivo das culturas. Por conseguinte, as alterações no padrão de precipitação podem ser fatais para eles. Os cenários de aumento das temperaturas, de maior variação das temperaturas no verão e no inverno, de precipitações mais irregulares e de maior intensidade durante alguns períodos aumentaram o número de secas e de inundações, com maior frequência; a perda de canais de irrigação é mais apertada, com o aumento dos surtos de pragas e de agentes patogénicos, e a maturidade precoce. Do mesmo modo, os agricultores não conseguem plantar as culturas em tempo oportuno, o que certamente diminui a produção e aumenta o défice alimentar no país.

A Avaliação das Alterações Climáticas do IPCC (2007) sublinha que a maior parte da investigação sobre agricultura e alterações climáticas se centrou nos impactos das alterações climáticas na produção vegetal. O estudo dá prioridade aos impactos potenciais e identifica as estratégias de adaptação eficazes ao nível dos agricultores para fazer face aos impactos adversos das alterações climáticas e identificar os impactos das alterações climáticas que garantem a sustentabilidade da agricultura. Além disso, o estudo dos impactos das alterações climáticas sofridos pelos agricultores pode constituir a base para mais investigação e desenvolvimento de medidas de adaptação para a sustentabilidade da agricultura e para preparar a comunidade agrícola para a agricultura alternativa, a fim de fazer face ao problema emergente da segurança alimentar. Esta investigação dará uma ideia conclusiva sobre a perceção dos agricultores sobre as alterações climáticas, os seus principais impactos económicos na agricultura e os meios de subsistência dos agricultores marginais pobres em recursos.

1.4Objectivos

Objetivo geral

> Analisar os impactos da variabilidade climática e das diferentes medidas de adaptação na produção de trigo nos distritos de Dhading e Chitwan.

Objectivos específicos

> Avaliar a perceção da população local sobre os impactes das alterações climáticas.

> Identificar as caraterísticas socioeconómicas que determinam a produção e a adoção do trigo.

> Identificar as medidas de adaptação e de atenuação das alterações climáticas na produção vegetal.

> Analisar a tendência da produção de trigo em relação às alterações climáticas.

> Estudar a tendência das variáveis climáticas (temperatura e precipitação).

1.5Âmbito e limitações do estudo

Este estudo examina a perceção do agricultor e o efeito das variáveis climáticas na produção de trigo, o que se espera que seja útil para compreender as questões específicas do local e formular políticas adequadas nos assentamentos socioeconómicos semelhantes, a fim de criar a resiliência da comunidade. Apesar do seu âmbito, este estudo também tem algumas limitações. Em primeiro lugar, esta investigação baseou-se em dados transversais que, talvez, não puderam captar as caraterísticas do agregado familiar antes e depois e as extremidades climáticas devido à falta de dados de painel. Em segundo lugar, vários parâmetros são sintetizados através da análise dos dados com base na recordação dos agricultores, o que pode conduzir a alguns erros de resposta. Em terceiro lugar, este estudo abrange variações notáveis na terra, juntamente com diferentes atributos socioeconómicos e biofísicos.

1.6Hipótese do estudo

> O efeito das alterações climáticas no padrão de cultivo não é significativo.

> O efeito das alterações climáticas na produção e produtividade do trigo não é significativo.

> O efeito das alterações climáticas nos meios de subsistência dos agricultores não é significativo.

> O efeito da medida de adaptação para a atenuação das alterações climáticas não é significativo.

CAPÍTULO 2. REVISÃO DA LITERATURA

2.1 Clima do Nepal

O Nepal é um país sem litoral, situado na parte central dos Himalaias, que se estende entre 26° 22' e 30^0 27'N latitudes e 80^0 12' E longitudes. A área total do país é de 147 181 km2 e é constituída por cinco regiões fisiográficas (LRMP, 1986). O Nepal tem uma grande variedade de climas, desde subtropical no sul, quente e frio nas colinas e frio nas montanhas, numa distância horizontal de 193 km (PNUA, 2001). O país está dividido em três regiões: Montanha, Colina e Terai. Em geral, há quatro estações no Nepal: monção de verão (junho-setembro), pós-monção (outubro-novembro), inverno (dezembro-fevereiro) e pré-monção (março-maio) (Yogacharya, 1998). No Nepal, mais de 80 % da precipitação ocorre durante a monção, de junho a setembro. Mas varia consideravelmente de um sítio para outro devido ao terreno acidentado não uniforme (Shankar e Shrestha, 1995). No entanto, a quantidade de precipitação diminui geralmente de leste para oeste (PNUA, 2001).

2.2 Cenários de alterações climáticas globais

O clima da Terra sofreu muitas alterações no passado, o que é perfeitamente natural. No entanto, o ritmo a que o clima tem vindo a mudar nos últimos 50 anos levou a um consenso entre os cientistas de que esta mudança recente é provavelmente o resultado das actividades do homem. É a isto que chamamos "alterações climáticas". Outros termos relacionados são o "efeito de estufa" e o "aquecimento global" (Silwal, 2009). Os países desenvolvidos são os principais responsáveis pelo aquecimento global e têm de tomar medidas e acções concretas para reduzir as suas emissões de gases com efeito de estufa. No entanto, uma vez que as alterações climáticas afectarão toda a gente, toda a comunidade mundial tem de trabalhar em conjunto para resolver este grave problema (CEN, 2003). [st]Os dados disponíveis mostram que a temperatura do ar à superfície da Terra aumentou $0,74^0$ C entre 1906 e 2005 e os cientistas estimam que poderá aumentar até $6,4^0$ C em média durante o século XXI (IPCC, 2007). Estas alterações são, por sua vez, susceptíveis de provocar mudanças nos ecossistemas dos quais milhares de milhões de pessoas dependem para a sua subsistência e bem-estar (Nath e Behera, 2011).

Entre 1970 e 2004, as emissões globais de gases com efeito de estufa aumentaram 70 %. Os principais emissores são os países desenvolvidos mas, mais recentemente, também as economias em rápido crescimento da China, da Índia e do Brasil (Dube, 2009). O dióxido de carbono (CO_2) é de longe o maior contribuinte e a utilização de combustíveis fósseis é a principal fonte. O CO2 aumentou de um valor pré-industrial de cerca de 280 ppm para 379 ppm em 2005 (Dube, 2009). A concentração média atmosférica de CO_2 aumentou de 280 ppm em 1850 para 700 ppm no final do presente século, se as emissões continuarem a aumentar às taxas actuais (IPCC, 2001). As observações efectuadas desde 1961 mostram que a temperatura média do oceano global aumentou até profundidades de pelo menos 3000 m e que o oceano tem absorvido mais de 80% do calor adicionado ao sistema climático. Este aquecimento provoca a expansão da água do mar, contribuindo para a subida do nível do mar (IPCC, 2007a).

2.3Cenários de alterações climáticas no Nepal

As comunidades de diferentes partes do Nepal já começaram a sentir alterações invulgares nos padrões meteorológicos. Alguns dos indícios das alterações climáticas são a precipitação tardia e anterior à monção, a precipitação invulgar, a diminuição dos dias de chuva e os episódios de precipitação intensa que provocaram um maior escoamento superficial e uma baixa recarga das águas subterrâneas. Foram recentemente observadas condições extremas de nevoeiro nas regiões do Terai. As tradicionais chuvas de Jestha e Ashar (junho-julho) foram deslocadas para Shrawan e Bhadra (agosto). Os mosquitos do Terai e das colinas médias conseguem sobreviver nas colinas altas (Ilam e Mustang). Os dados observados indicam um aquecimento constante e um aumento da temperatura máxima a uma taxa anual de 0,04 - 0,06° C (MoE, NAPA 2010). Embora o Nepal seja responsável por apenas cerca de 0,025% do total anual de emissões de gases com efeito de estufa do mundo (Karki, 2007), está a sentir as tendências crescentes e os efeitos associados do aquecimento climático. Já se observou um aumento do período seco, precipitação intensa, inundações, deslizamentos de terras, incêndios florestais, recuos glaciares e ameaças de GLOF (Shrestha, 2007). Romily e Singh (2009), na avaliação das estratégias e programas do BAD, indicaram que a elevada variabilidade interanual e as temperaturas máximas no Nepal estão a aumentar progressivamente, em conformidade com os registos mundiais e regionais. Entre 1997 e 1994, estima-se que a temperatura média anual tenha aumentado mais $1,2^0$ C até 2030, $1,7^0$ C até 2050 e $3,0^0$ C até 2100 (Malla, 2008). O aumento da temperatura no Nepal é superior à média do aumento global, com chuvas intensas, inundações e secas. Gradualmente, foram também observadas alterações anuais da temperatura, com um aumento de 0,09°C por ano registado nos Himalaias e de 0,04°C por ano no Terai, com aumentos mais elevados no inverno (Practical Action Nepal, 2008).

As tendências da precipitação são menos certas, mas há indícios de uma ocorrência crescente de chuvas intensas e de um aumento dos dias de inundação e, em geral, de fluxos fluviais mais variáveis (Oxfam

International Nepal, 2009). Os estudos sobre o padrão de precipitação do Nepal revelam uma tendência crescente ao longo dos anos com um padrão errático. A precipitação foi registada no mínimo em 1972, 1977, 1992 e 2005 e no máximo em 1975, 1985 e 1998 (Baidya e Karmacharya, 2007). Os aumentos elevados do caudal do rio no verão são mais uma prova de que as temperaturas elevadas no verão estão a provocar um derretimento/retorno rápido dos glaciares (Dahal, 2006). Sem dúvida, as mudanças nos factores climáticos têm impactos substanciais a nível local, uma vez que alteram o ecossistema agrícola, resultando na perda de terras, gado e bens domésticos (Pant 2011). Os atrasos no início da monção podem dificultar a plantação atempada de arroz e afetar os rendimentos. Dada a natureza de subsistência da economia do Nepal, um ligeiro declínio nos rendimentos do arroz e do trigo pode ter um impacto devastador na segurança alimentar das famílias.

2.4Impacto das alterações climáticas na agricultura

As alterações climáticas e a agricultura estão indissociavelmente ligadas. A agricultura continua a depender fundamentalmente das condições meteorológicas. Prevê-se que as alterações climáticas influenciem a produção vegetal e animal, os balanços hidrológicos, o fornecimento de factores de produção e outras componentes dos sistemas agrícolas. Podem também alterar os tipos, frequências e intensidades de várias pragas das culturas e da pecuária; a disponibilidade e o calendário do abastecimento de água para irrigação; e a gravidade da erosão do solo (Adams *et al.,* 1998). As alterações previstas nas condições climáticas do Nepal afectarão negativamente a produção agrícola (PAM, 2009), uma vez que grande parte da população depende diretamente de algumas culturas, como o arroz, o trigo e o milho (Alam e Regmi, 2004). O Nepal tem vários tipos de zonas agrícolas, como planícies, colinas, colinas médias, colinas altas e montanhas, e os parâmetros climáticos têm um impacto potencial na alteração da distribuição ecológica das culturas agrícolas. O aumento da temperatura causa mais danos nos sectores agrícolas da região de Terai e será mais favorável nas colinas e montanhas (Malla, 2008). O aumento da concentração de CO_2 provoca um crescimento vigoroso das culturas que, em última análise, leva à redução do nível de carbono orgânico do solo, dos micronutrientes do solo e ao aumento da atividade dos microrganismos (Malla, 2003). Alguns agricultores estão satisfeitos com as mudanças; por exemplo, os agricultores dos distritos de Manang e Mustang notaram uma melhoria no tamanho das maçãs nos últimos anos (Dahal, 2005). As temperaturas mais elevadas acabam por reduzir o rendimento das culturas desejáveis, ao mesmo tempo que favorecem a proliferação de ervas daninhas e pragas. As alterações nos padrões de precipitação aumentam a probabilidade de quebras de colheitas a curto prazo e de quebras de produção a longo prazo. Embora se registem ganhos em algumas culturas nalgumas regiões do mundo, prevê-se que os impactos globais das alterações climáticas na agricultura sejam negativos, ameaçando a segurança alimentar global (IFPRI, 2009).

2.5Impacto das alterações climáticas no trigo

O impacto das alterações climáticas na produção de trigo varia acentuadamente consoante a região, a época de cultivo, as variedades, etc. (Lane e Jarvis, 2007). Parâmetros climáticos como a temperatura e a chuva afectam fortemente o crescimento e a produtividade do trigo (AEU, 2001). O trigo é mais reativo ao aumento do nível de CO_2 do que o arroz. O potencial de rendimento do trigo chega a atingir 60% quando o CO_2 é duplicado. O rendimento começa a diminuir com o aumento da temperatura; mas a reação à temperatura nas colinas é menor do que no Terai. Do mesmo modo, o ambiente montanhoso tem menos efeito sobre o rendimento potencial com o aumento da temperatura, uma vez que há um declínio insignificante do rendimento com o aumento da temperatura. Mas, ao contrário de outras regiões, o rendimento efetivo do trigo aumentou na região ocidental do Nepal com o aumento da temperatura, mas diminuiu noutras regiões. No entanto, existe uma variação espacial significativa no rendimento do trigo (MOPE, 2004).

Uma experiência efectuada numa câmara de topo aberto em Khumaltar mostra o aumento do rendimento do trigo em 8,63% e 9,74%, mesmo com o aumento da temperatura em $6,94^0$ C e a duplicação do CO_2 . O efeito estufa devido à duplicação do CO_2 foi observado apenas em $0,18^0$ C e produziu 9,74% mais do que as parcelas ambientais. Os estágios de crescimento fisiológico, como a iniciação da panícula, a cabeça, a floração, a ordenha e a maturidade fisiológica diminuíram em 14, 5, 9, 6 e 14 dias, respetivamente, devido ao aumento da temperatura. O aumento do nível de CO_2 na via C3 no arroz e no trigo ajudou a aumentar a produção. A produção de trigo aumentou 41,5% na planície do Terai, 24,4% nas colinas e 21,2% nas montanhas sob o efeito do aumento do CO_2 . No entanto, o rendimento diminuiu 1,8% no Terai, mas continuou a aumentar 5,3% na colina e 33,3% na montanha com um aumento de temperatura de 4^0 c em condições de irrigação. O estudo efectuado na Índia mostrou que, na região subtropical, haverá uma pequena diminuição do rendimento potencial de 1,55,8%, mas na zona tropical a diminuição será de 17-18% (Agrawal e Kalra, 1994). Isto indica que, num cenário de alterações climáticas, a produtividade do trigo de sequeiro é suscetível de sofrer mais no Terai do que no meio das colinas. Uma análise efectuada pelo Conselho de Investigação Agrícola do Nepal, com recurso a modelos de simulação, indica que a produção de trigo poderá aumentar 41,5% no Terai, 24,4%

nas colinas e 21,2% nas montanhas com um aumento de CO2, mas que haverá uma diminuição significativa da produção com um aumento de 4°C. Uma relação negativa entre a temperatura máxima e o rendimento do trigo foi também observada por Nicholls (1997) na Austrália. Um aumento de 1% na precipitação leva a um aumento de 0,03% no rendimento do trigo. Além disso, de acordo com Corobov (2002), a temperatura e a precipitação são responsáveis por 75% das flutuações do rendimento do trigo de inverno na Moldávia.

2.6Medidas de adaptação às alterações climáticas

A adaptação às alterações climáticas pode incluir muitas medidas, uma das quais é a reforma das políticas de ajustamento/adaptação às alterações climáticas. Os indivíduos, as famílias, o governo ou quaisquer partes interessadas podem aplicar estratégias de adaptação eficazes para ajustar as variações e incertezas climáticas com base na disponibilidade de recursos e nas condições económicas e sociais. Verifica-se que os agricultores dos países africanos desenvolveram uma série de estratégias de adaptação a nível local para se protegerem dos efeitos das alterações climáticas (Orindi e Eriksen, 2005). Reilly e Schimmelpfennig (1999) apresentaram algumas das principais medidas de adaptação na agricultura, como a alteração da data de sementeira/plantação, a utilização de diferentes variedades da mesma cultura ou a introdução de novas espécies de culturas, o reajustamento da gestão da água/irrigação, a manipulação de factores de produção e outras práticas de gestão adaptativa.

A adaptação dos sistemas agrícolas às condições climáticas prevalecentes está bem documentada (CAST 1992, Rosenberg 1992, Easterling *et al.* 1993, Kaiser *et al.* 1993, Easterling 1996). O padrão consistente de crescimento dos rendimentos globais ao longo dos últimos 50 anos (de aproximadamente 2% por ano) sugere que os rendimentos das culturas serão mais elevados no futuro, com ou sem alterações climáticas. Este crescimento deve-se, em parte, à adoção de novas tecnologias.

Uma adaptação eficaz na agricultura segue um percurso que começa com o desenvolvimento, combina uma série de estratégias e acções e termina na proteção do clima; a investigação, a extensão e o reforço das capacidades institucionais são transversais a todos os sistemas agrícolas e a todas as escalas temporais. A adaptação da agricultura às alterações climáticas é igualmente problemática. A única coisa que é clara é que o tempo está a esgotar-se. Em todo o mundo, a agricultura já está a sofrer os impactos adversos das alterações climáticas. A janela de ação é limitada para garantir um sistema agrícola robusto que possa resistir às consequências mais graves previstas para o futuro.

As opções de adaptação na agricultura podem ser classificadas da seguinte forma: em primeiro lugar, são examinadas várias opções de adaptação a nível micro. Estas incluem ajustamentos da produção agrícola, como a diversificação e a intensificação da produção vegetal e animal, a alteração da utilização das terras e da irrigação e a alteração do calendário das operações. Em segundo lugar, há numerosas respostas de mercado que surgiram como medidas de adaptação potencialmente eficazes às alterações climáticas. Estas incluem o desenvolvimento de regimes de seguro de colheitas e inundações, oportunidades de investimento inovadoras em acções e futuros de colheitas, regimes de crédito e oportunidades de diversificação de rendimentos. Um terceiro subconjunto de opções de adaptação engloba as mudanças institucionais. Muitas das que se enquadram nesta categoria exigem respostas governamentais. Estas últimas incluem ajustamentos da política de preços, como a eliminação de subsídios perversos, o desenvolvimento de opções de estabilização dos rendimentos, a política agrícola, incluindo programas de apoio e de seguros agrícolas; a melhoria dos mercados agrícolas e objectivos mais amplos, como a promoção do comércio inter-regional na agricultura. Um quarto conjunto de opções de adaptação são os desenvolvimentos tecnológicos. Estes consistem no desenvolvimento e promoção de novas variedades e híbridos de culturas e em avanços nas técnicas de gestão da água (por exemplo, irrigação, lavoura de conservação).

O conhecimento e a tecnologia necessários para a adaptação incluem a compreensão do padrão de variabilidade do clima atual e previsto, as previsões sazonais, os métodos de atenuação dos impactos dos perigos, o planeamento da utilização dos solos, a gestão dos riscos e a gestão dos recursos (FAO, 2007). São possíveis vários tipos e níveis de adaptações tecnológicas e socioeconómicas às alterações climáticas (Darwin *et al.,* 1995). A extensão das adaptações depende da acessibilidade económica de tais medidas, em especial nos países em desenvolvimento. O Nepal é mais vulnerável às alterações climáticas devido à sua grande dependência de sectores sensíveis ao clima, como a agricultura e a silvicultura, e à sua fraca capacidade de adoção financeira (Karki, 2007b).

As comunidades agrícolas da bacia hidrográfica de Jugedi, em Chitwan, no Nepal, adoptaram gradualmente um novo sistema de cultivo e mudaram o sistema de cultivo de arroz-trigo-milho para frutos e culturas de plantação, como a banana, que é menos sensível às alterações climáticas (Gurung, 2008). A promoção da recolha de águas pluviais na região montanhosa pode ser uma estratégia a adotar para fazer face aos impactos da seca, tanto actuais como previstos (MOPE, 2004). A tecnologia de terrenos agrícolas inclinados e a produção ecológica de produtos hortícolas na bacia hidrográfica de Jugedi Khola, em Kabilash, ajudaram a fazer face aos impactos das alterações climáticas nessa zona (Ghimire, 2008). A diversificação económica pode também ser uma importante estratégia de adaptação para os países em desenvolvimento, a fim de reduzir a dependência de recursos sensíveis ao clima (UNFCC, 2007). Regmi *et al.*, (2008) referiram que os agricultores adoptaram algumas medidas, como a conservação de variedades autóctones, práticas alternativas para reduzir o stress hídrico, a erosão e a perda de solos, alterações do padrão de cultivo e ajustamentos das culturas. A lavoura zero é uma estratégia emergente de combate às alterações climáticas que reduz 27% das emissões de gases com efeito de estufa (AEU, 2110 e 2011).

CAPÍTULO 3. METODOLOGIA

Esta secção inclui diferentes aspectos do processo de investigação, como a seleção da área de estudo, a dimensão da amostra, as técnicas de amostragem, a fonte de informação, o método e a técnica de recolha de dados e a análise dos dados.

3.1Seleção da área de estudo

O estudo foi efectuado nos distritos de Chitwan e Dhadig, no centro do Nepal. O município de Chitrawan, em Chitwan, e o município de Nilakantha, em Dhading, foram selecionados propositadamente para o estudo, com a consulta das organizações comunitárias e distritais. Estas povoações são ocupadas por Brahmin, Chhetree, Dalit e Janajati (Tamang, Newar, Tharu, Gurung e Rai). As zonas de estudo foram selecionadas propositadamente por serem zonas de cultivo de arroz.

3.2Dimensão da amostra, processo de amostragem e seleção do inquirido

Todos os agricultores destas duas povoações constituíram a população-alvo deste estudo. Durante a seleção dos inquiridos, apenas a idade superior a 30 anos e pelo menos 10 anos de residência nestas localidades foram incluídos na amostra, porque podem fornecer informações valiosas e úteis sobre as tendências passadas dos riscos climáticos. Foi dada uma atenção especial para tornar a amostra mais inclusiva. No total, 120 agregados familiares, sessenta de cada distrito, foram selecionados aleatoriamente para o estudo.

3.3Métodos de recolha de dados

Foram utilizadas diferentes fontes e técnicas para a recolha das informações necessárias. Neste estudo, foram recolhidos e analisados tanto os dados primários como os secundários.

3.3.1 Fontes de informação

3.3.1.1 Fonte primária de dados

As comunidades locais e os agricultores com longa experiência na adaptação autónoma da área de estudo foram a principal fonte de informação. O programa de entrevistas pré-testado foi testado junto dos inquiridos para recolher informações primárias. Estes dados foram complementados pela informação obtida através da discussão em grupos focais, da observação direta e da caminhada por transectos.

Foram utilizados métodos participativos para recolher dados, partilhar experiências e conhecimentos das comunidades afectadas relativamente às alterações climáticas.

3.3.1.2 Fonte secundária de dados

Os dados secundários foram recolhidos de várias revistas publicadas, artigos de investigação, actas de várias ONG e ONGI, relatórios do Gabinete de Desenvolvimento Agrícola Distrital (DADO), do Comité de Desenvolvimento Distrital (DDC), do Conselho Nacional de Investigação Agrícola (NARC), do Gabinete Central de Estatística (CBS), dos líderes locais e das agências de trabalho, que foram as fontes de informação secundária.

3.3.2Técnicas de recolha de dados

3.3.2.1 Entrevista

O questionário foi administrado ao inquirido para recolher os dados primários. Foram recolhidas informações relativas a vários aspectos das alterações climáticas, tal como são percepcionadas pelos agricultores. As informações relativas às caraterísticas da exploração agrícola e do agregado familiar, aos seus sentimentos e impactos percebidos em comparação com o passado, às mudanças nas práticas agrícolas e às novas estratégias de adaptação foram recolhidas através de entrevistas presenciais.

3.3.2.2 Discussão em grupo

A informação obtida na entrevista foi cruzada durante a discussão do grupo de discussão.

Informações adicionais sobre várias estratégias de adaptação baseadas na comunidade, diferenças observadas no presente e no passado relativamente às práticas agrícolas foram recolhidas através de discussões em grupos de discussão.

3.3.2.3 Calendário agrícola

A partir da discussão com as comunidades agrícolas, foi preparado um calendário comparativo de culturas no período de precipitação normal antes e no período de precipitação tardia atualmente.

3.3.2.4 Linha do tempo

As ocorrências de tendências de riscos climáticos na área de investigação foram estudadas através da preparação de uma cronologia com base na recordação dos agricultores.

3.4Conceção do inquérito e inquérito no terreno

3.4.1 Inquérito preliminar

Foram efectuadas visitas de campo antes do inquérito para recolher informações preliminares sobre as caraterísticas socioculturais, topográficas e institucionais da área de estudo.

3.4.2 Conceção do programa de entrevistas

Foi elaborado um programa de entrevistas para recolher informações primárias junto dos agricultores. Foi preparado um esquema de coordenação em harmonia com os objectivos do estudo para identificar as variáveis e facilitar a preparação do programa de entrevistas. As principais variáveis incluídas no programa de entrevistas foram as caraterísticas socioeconómicas do agregado familiar, as caraterísticas da exploração agrícola, as opções de subsistência, a perceção dos agricultores, as suas estratégias de adaptação e as tendências da produção agrícola.

3.4.3 Pré-teste do programa de entrevistas

O pré-teste do programa de entrevistas foi efectuado antes do inquérito no terreno, através da aplicação do programa de entrevistas concebido aos 8 inquiridos perto da área de estudo. O programa de entrevistas final foi elaborado tendo em devida consideração as sugestões obtidas durante o pré-teste.

3.4.4 Inquérito de campo

Após a finalização do programa de entrevistas, o calendário foi preparado para recolher informações com a ajuda de enumeradores. O inquérito no terreno foi realizado entre março e junho de 2015. Os inquiridos foram entrevistados através de visitas às suas casas. A validação da informação foi efectuada imediatamente após o preenchimento do programa de entrevistas. Durante o inquérito no terreno, foram também realizadas discussões em grupos de discussão e debates informais.

3.5Métodos e técnicas de análise de dados

As informações recolhidas no inquérito no terreno foram primeiro codificadas e introduzidas no computador. A introdução e a análise dos dados foram efectuadas utilizando um pacote de software informático: Statistical Package for Social Science (SPSS 16 versão), STATA 9 e Microsoft Excel. As unidades de medida locais foram corrigidas para unidades científicas. Foram utilizados métodos descritivos e analíticos para analisar os dados.

3.5.1 Processamento de dados

Os dados recolhidos de fontes primárias e secundárias foram processados para a forma desejável.

3.5.1.1 Processamento de informações primárias

A informação qualitativa do questionário do inquérito foi quantificada com o método de escalonamento adequado. Sim ou não, aumentou ou diminuiu ou não se apercebeu, foram transformados em variáveis dummy para a análise posterior.

3.5.1.2 Tratamento de dados secundários

Os dados climáticos relativos à precipitação e à temperatura numa base mensal foram recolhidos junto do Departamento de Hidrologia e Meteorologia. Os dados climáticos de Dhading foram recolhidos da estação meteorológica de Dhunibesi, enquanto os de Chitwan foram recolhidos de NMRP, Rampur.

3.5.1.2.1 Processamento de dados de temperatura

Os dados mensais de temperatura recolhidos foram processados na forma desejável da seguinte forma:

A temperatura média mensal para cada mês foi calculada como (T) = (T $+T_{maxmin}$)/2 onde T_{max} e T_{min} representam a temperatura máxima e a temperatura mínima para um determinado mês. Da mesma forma, a temperatura máxima anual, a temperatura mínima anual e a temperatura média anual de cada ano também foram determinadas.

3.5.1.2.2 Precipitação

Os dados de precipitação mensais recolhidos para a estação foram processados para determinar a precipitação anual (R) e a precipitação sazonal para o arroz (R_s).

$R = R_1+R_2+R_3+R_4+\ldots\ldots\ldots\ldots + R_{12}$ Onde, $R_1, R_2, R_3, \ldots\ldots, R_{12}$ refere-se à precipitação do mês de janeiro a dezembro.

$R_s = R_6+R_7+R_8+R_9+R_{10}+R_{11}$ Onde, $R_6, R_7, R_8, R_9, R_{10}, R_{11}$ refere-se à precipitação do mês de junho a novembro.

3.5.2 Análise de dados qualitativos

As informações qualitativas obtidas durante o inquérito no terreno, como o aparecimento de novas pragas e doenças, a perda de biodiversidade, as consequências das tendências dos riscos climáticos, as necessidades sentidas pelos agricultores em termos de estratégias de adaptação, foram analisadas e expressas de forma qualitativa.

3.5.3 Análise quantitativa

Os dados quantitativos foram analisados com recurso a estatísticas descritivas e analíticas.

3.5.3.1 Análise descritiva

As caraterísticas socioeconómicas e agrícolas dos inquiridos, como a dimensão da família, a idade, o padrão profissional, a alteração da dimensão da exploração, a dimensão da exploração irrigada, a distribuição da população economicamente ativa, foram descritas utilizando estatísticas descritivas simples, como a contagem de frequências, a percentagem, o desvio-padrão médio.

Os impactos e a perceção dos agricultores sobre a alteração das variáveis climáticas ao longo do tempo e as suas estratégias de adaptação foram estudados através de estimativas de frequência, percentagem, gráficos e diagramas.

3.5.3.2 Estatísticas analíticas

As alterações na tendência da afetação da área ao longo do tempo e as alterações de produtividade obtidas a partir de fontes primárias e secundárias foram analisadas através da estimativa da tendência de cal utilizando o Microsoft Excel. Os dados climáticos foram analisados utilizando o Microsoft Excel.

3.5.3.2.1 Análise do impacto das alterações climáticas

A análise de regressão linear logarítmica foi efectuada para estudar o efeito da precipitação e da temperatura na produtividade do arroz.

$$\text{Ln } P_t = a + b_1 \ln A_t + b_2 \ln AMxT_t + b_3 \ln AMnT_t + b_4 \ln SRF_t$$

onde,

P_t = produtividade tonha^{-1} em t^{th} ano

A_t = superfície cultivada com arroz em t^{th} ano

$AMxT_t$ = média sazonal da temperatura máxima do arroz em t^{th}

$AMnT_t$ = média sazonal da temperatura mínima para o arroz t^{th}

SRF_t = precipitação sazonal para o arroz t^{th}

3.5.2.3 Modelo de regressão logit

No contexto da mudança das condições climáticas, os agricultores estão a responder através da prática de diferentes medidas de adaptação. Os agricultores, consciente e inconscientemente, estão a responder às alterações climáticas através da prática de diferentes estratégias de adaptação. A decisão dos agricultores de praticar diferentes estratégias de adaptação foi calculada através de uma regressão logit para determinar os vários factores que determinam a probabilidade de praticar mais estratégias de adaptação ($Y_i = 1$). O método da máxima verosimilhança conduz à função de mínimos quadrados no âmbito do modelo de regressão linear e fornece valores para os parâmetros desconhecidos que maximizam a probabilidade de obter o conjunto de dados observados (Wooldridge, 2003).

Foram vários os factores que afectaram a prática de diferentes medidas de adaptação ao nível da exploração agrícola. A decisão de praticar mais medidas de adaptação pode ser influenciada por várias condições socioeconómicas, demográficas, institucionais e financeiras.

No modelo logit, suponha-se que Y_i é a resposta binária dos agricultores e assume apenas dois valores possíveis; Y=1, se o agricultor praticar diferentes estratégias de adaptação mais fortes e Y=0, se praticar poucas (fracas) estratégias de adaptação. Suponhamos que x é o vetor de diversas variáveis explicativas que afectam a prática de diferentes estratégias de adaptação e β, um vetor de parâmetros de declive que mede as alterações em x sobre a probabilidade de os agricultores praticarem estratégias de adaptação mais fortes. A probabilidade de resposta binária foi definida da seguinte forma:

Se $Y_i = 1$; $P(Y_i = 1) = P_i$

Se $Y_i = 0$; $P(Y_i = 0) = 1 - P_i$

Onde, $P_i = E(Y = 1/x)$ representa a média condicional de Y dados certos valores de x.

A transformação logit da probabilidade de os agricultores praticarem estratégias de adaptação mais fortes foi representada da seguinte forma (Gujrati, 2003).

$$L_i = \ln \left[\frac{Pi}{1-Pi}\right] = z_i = \alpha + \sum_{i=1}^{n} \beta i \, xi + \epsilon i$$

Em que Y_i = uma variável dependente binária (1, se os agricultores adoptarem práticas de adaptação mais fortes, 0 caso contrário)

x_i = o vetor das variáveis explicativas utilizadas no modelo

β_i = parâmetros a estimar

ϵ_I = termo de erro do modelo

Exp (e) = base dos logaritmos naturais

L_i = logit $e^{\left[\frac{Pi}{1-Pi}\right]}$ = rácios ímpares.

Assim, o modelo de regressão logit binário foi expresso como:

$Y_i = f(\beta_i \, x_i)$ = f (Distrito, Educação, Idade HHH, Género HHH, Tipo de casa, Rendimento total do trigo, Despesa total do trigo, Exploração total das terras, Exploração das terras cultivadas, Casta, LSU, Dimensão média da família, Situação de segurança alimentar).

CAPÍTULO 4. RESULTADOS E DISCUSSÃO

4.1Descrição da zona de estudo

4.1.1 Informações gerais sobre o distrito de Dhading

O distrito de Dhading, com Dhading besi como sede, cobre uma área de 1.962 quilómetros quadrados e está situado na Região de Desenvolvimento Central. O distrito estende-se de 27° 40' N a 28° 14' N de latitude e de 84° E a 85° 1' de longitude leste. A elevação varia entre 488 metros e 7409 metros acima do nível médio do mar. Tem uma zona subtropical em áreas abaixo de 1000 m acima do nível médio do mar com uma temperatura média anual superior a 20 °C, uma zona de temperatura entre 1000 e 3000 m de altitude com uma temperatura média anual entre 10 °C e 20 °C e uma zona alpina a mais de 3000 m acima do nível médio do mar com uma temperatura média inferior a 10 °C.

4.1.2 Informações gerais sobre o distrito de Chitwan

O distrito de Chitwan, com Bharatpur como sede, cobre uma área de 2.239,39 km2 e está situado na região de Desenvolvimento Central. O distrito estende-se de 27° 21' 45" a 27° 52' 30" de latitude norte e de 83° 54' 45" a 84° 48' 15" de longitude leste. O vale de Chitwan tem um clima subtropical e tropical, com um verão quente e húmido e Invernos frescos e secos (DDC, 2014). A altitude varia entre 300 e 2000 metros acima do nível médio do mar.

4.2Caraterísticas da população e dos agregados familiares na área de estudo

4.2.1Género da população estudada

A população total dos agregados familiares incluídos na amostra era de 615. Em termos de género, 52,65 % eram homens e 47,35 % eram mulheres em Dhading. Do mesmo modo, 53,74% eram do sexo masculino e 46,26% do sexo feminino em Chitwan (Quadro 1). Entre a população total, 53,17% eram do sexo masculino e 46,83% do sexo feminino na área de estudo.

Quadro 1: Género da população na área de estudo (2015)

	Gender distribution			
	Dhading	Percentage	Chitwan	Percentage
Male	169	52.65	158	53.74
Female	152	47.35	136	46.26
Total	321		294	

Fonte: Inquérito de campo, 2015

4.2.2 Nível de escolaridade da população estudada

Seis categorias, Crianças que não frequentam a escola, Analfabetos (que não sabem ler e escrever), Alfabetizados (capazes de ler e escrever sem escola), Abaixo do SLC, SLC e Universidade (educação formal superior a doze classes) foram concebidas para avaliar o estatuto educativo dos membros da família dos agregados familiares incluídos na amostra. O inquérito revelou que uma grande proporção dos membros dos agregados familiares incluídos na amostra (26,48% e 25,86%) tinha um nível de instrução inferior a SLC e SLC, respetivamente, e que uma proporção menor da população tinha um nível de instrução universitário (8,72%) em Dhading e em Chitwan (27,21% da população tinha um nível de instrução SLC).

Quadro 2: Nível de escolaridade dos inquiridos na área de estudo (2015)

	Estatuto académico			
	Dhading	Percentagem	Chitwan	Percentagem
Crianças que não vão à escola	20	6.23	4	1.36
Analfabeto	52	16.20	28	9.52
Alfabetizado	53	16.51	65	22.11
Abaixo da SLC	85	26.48	74	25.17
SLC	83	25.86	80	27.21
Universidade	28	8.72	43	14.63
Total	321		294	

4.2.3 Etnia do inquirido

A maioria dos inquiridos era Brahmin e Chhetri, seguidos de Janajati e Dalit na área de estudo. No total, 61,67% dos inquiridos eram Brahmin e Chhetri, seguidos de Janajati (35%). Em Dhading, a maioria dos inquiridos era brâmane e chetri (66,67%) e em Chitwan também a maioria dos inquiridos era brâmane/chetri (56,67%). A etnia dos inquiridos é apresentada no Quadro 3.

Quadro 3: Etnia dos inquiridos na área de estudo (2015)

Casta	Dhading		Chitwan		Total	
	F	%	F	%	F	%
Brâmane/chettri	40	66.67	34	56.67	74	61.67
Janajati	18	30.00	24	40.00	42	35.00
Dalit	2	3.33	2	3.33	4	3.33

4.2.4 Distribuição da população economicamente ativa na área de estudo

A idade dos membros da família foi categorizada em três classes: menos de 15 anos, idade economicamente ativa (15-59 anos) e mais de 59 anos, conforme indicado no Quadro 4. A maioria da população (67,32%) estava em idade economicamente ativa. A percentagem de população economicamente ativa era mais elevada (74,49 %) em Chitwan do que em Dhading (60,75%).

Quadro 4: Distribuição dos membros economicamente activos na área de estudo (2015)

Nível	Dhading		Chitwan		Total	
	F	%	F	%	F	%
Menos de 15 anos	73	22.74	40	13.61	113	18.37
15-59 anos	195	60.75	219	74.49	414	67.32
59 anos ou mais	53	16.51	35	11.90	88	14.31
	321		294		615	

4.2.5 Acesso do inquirido à informação

A maioria da população (85%) na área de estudo tinha acesso a informação através da rádio e da televisão. Os resultados foram semelhantes nos dois distritos, ou seja, 85,83% e 84,17% nos distritos de Dhading e Chitwan, respetivamente.

Quadro 5: Acesso dos inquiridos à informação

	Dhading		Chitwan		Total	
	F	%	F	%	F	%
Rádio e televisão	103	85.83	101	84.17	204	85
Sem rádio e televisão	17	14.17	19	15.83	36	15

Fonte: Inquérito de campo, 2015

4.2.6 Dimensão média da exploração agrícola

A dimensão média das explorações agrícolas na zona de estudo foi de 0,46 ha. A dimensão média das explorações era de 0,53 ha em Dhading e de 0,39 ha no distrito de Chitwan.

Quadro 6: Dimensão média da exploração nos locais de estudo (2015)

Distrito	Dhading	Chitwan	Total
Média	0.53	0.39	0.46
Erro Std. da média	0.07	0.03	0.04

4.2.7 Tipos de agregados familiares na área de estudo

Entre os agregados familiares inquiridos, a maioria da população residia em telhados de chapa CGI (50%), seguindo-se as ardósias/ telhas locais e o betão. No distrito de Dhading, a maioria vivia em telhas locais/ardósia, enquanto em Chitwan a maioria vivia numa casa com telhado de chapa CGI.

Quadro 7: Tipos de agregados familiares na área de estudo

	Tipos de agregados familiares na área de estudo		
Tipos	Dhading	Chitwan	Total
De colmo	1	0	1
Ardósia/ Azulejos locais	33	0	33
Folha CGI	21	39	60
Betão	5	21	26

Fonte: Inquérito de campo, 2015

4.2.8 Distribuição das profissões na área de estudo

A maior parte da população dependia da agricultura (42,28%). Verificou-se que uma percentagem mais elevada da população (47,28%) dependia da agricultura no distrito de Chitwan do que no distrito de Dhading (37,69%), o que é muito inferior à média nacional. Um maior número de pessoas em Dhading (14,33%) dependia do emprego estrangeiro (remessas) do que em Chitwan (10,20%).

Quadro 8: Distribuição das profissões na zona de estudo

	Dhading		Chitwan		Total	
	F	%	F	%	F	%
Agricultura	121	37.69	139	47.28	260	42.28
Remessa	46	14.33	30	10.20	76	12.36
Empresas/serviços	30	9.35	11	3.74	41	6.67
Desempregado	7	2.18	4	1.36	11	1.79
Estudantes	88	27.41	105	35.71	193	31.38
Outros	29	9.03	5	1.70	34	5.53
Total	321		294		615	

Fonte: Inquérito de campo, 2015

4.3Superfície média cultivada com trigo, produção, produtividade e LSU médio na zona de estudo

A área de estudo revelou que a superfície cultivada com trigo era relativamente inferior à média das explorações agrícolas nos distritos de Chitwan (0,12 ha) e Dhading (0,19 ha). Do mesmo modo, a produtividade foi inferior à produtividade nacional (2,29 t/ha) em Dhading (1,99 t/ha) e, em Chitwan, a produtividade foi de 2,43 t/ha. A unidade padrão de gado (LSU) foi mais elevada em Dhading (11,91) do que em Chitwan (3,26).

Quadro 9: Superfície média cultivada com trigo, produção, produtividade e LSU médio na zona de estudo

Distrito	Dhading		Chitwan		Total	
	Média	Erro Std. da média	Média	Erro Std. da média	Média	Erro Std. da média
Zona de trigo	0.1871	0.01412	0.1247	0.01328	0.1559	0.01007
Produção	0.407	0.03719	0.3641	0.03712	0.3856	0.02623
Produtividade	1.9989	0.06817	2.4339	0.11897	2.2164	0.07112
LSU	11.91683	3.50405	3.26183	0.35443	7.5893	1.79786

Fonte: Inquérito de campo, 2015

4.4Papel do sexo nas decisões do agregado familiar

Durante o estudo de campo, observou-se que a maioria dos inquiridos (responsáveis pelas decisões do agregado familiar) eram homens (90%) e apenas 10% eram mulheres. No meu estudo, a maioria das decisões do agregado familiar era tomada por homens, no distrito de Dhading, 85% das casas eram chefiadas por homens e em Chitwan 95% das casas eram chefiadas por homens.

Quadro 10: Decisão do agregado familiar por sexo na área de estudo

	Dhading		Chitwan		Total	
	F	%	F	%	F	%
Masculino	51	85.00	57	95.00	108	90.00
Feminino	9	15.00	3	5.00	12	10.00
Total	60	100.00	60	100.00	120	100.00

Fonte: Inquérito de campo, 2015

4.5Perceção dos agricultores sobre as alterações climáticas

4.5.1 Perceção dos agricultores sobre a experiência das alterações climáticas

O estudo revelou que a maioria das pessoas sofreu alterações climáticas; cerca de 75% das pessoas sofreram alterações climáticas na zona de estudo. Em Dhading, o número de inquiridos que sofreram alterações climáticas foi superior ao de Chitwan.

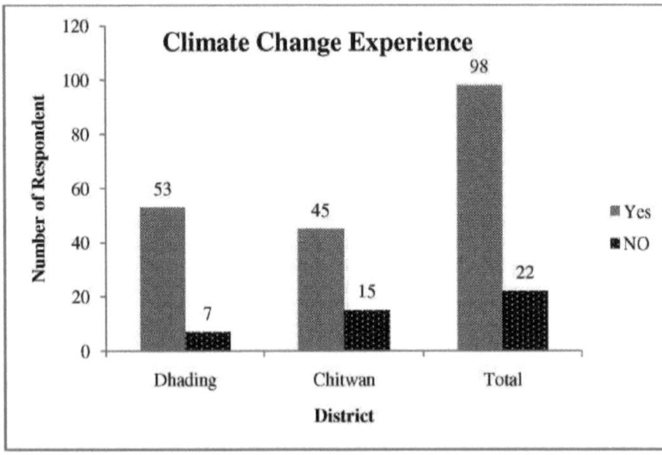

Figura 1: Perceção dos agricultores sobre a experiência das alterações climáticas

4.5.2 Perceção do agricultor sobre a evolução da produção

O estudo revelou que 58,72% dos inquiridos constataram uma tendência para o aumento da produção de produtos agrícolas ao longo dos anos. 69,81% dos inquiridos em Dhading consideram que a produção aumentou ao longo dos anos, 13,21% consideram que a produção diminuiu e 11,32% consideram que a produção foi constante. Em Chitwan, 48,21% revelaram um aumento da produção e 41,07% afirmaram que a produtividade tinha diminuído.

Quadro 11: Perceção do agricultor sobre a evolução da produção

	Perceção do agricultor sobre a evolução da produção			
Distrito	Aumento da %	Diminuição da %	Constante %	Não sabe %
Dhading	69.81	13.21	11.32	5.66
Chitwan	48.21	41.07	0.00	10.71
Total	58.72	27.52	5.50	8.26

Fonte: Inquérito de campo, 2015

4.5.3 Perceção do agricultor sobre a diversidade

O estudo efectuado em Dhading e Chitwan revelou que os agricultores constataram uma diminuição da diversidade biológica. Globalmente, 41,41% dos inquiridos consideraram que houve uma diminuição da diversidade e 45,45% consideraram que não houve alteração da diversidade.

Quadro 12: Perceção dos agricultores sobre a diversidade na zona de estudo

	Perceção do agricultor sobre a diversidade		
Distrito	Diminuir	Aumentar	Constante
Dhading	47.17	16.98	35.85
Chitwan	34.78	8.70	56.52
Total	41.41	13.13	45.45

Fonte: Inquérito de campo, 2015

4.6Perceção dos agricultores sobre a variabilidade climática

4.6.1 Alteração dos parâmetros de precipitação

Quase todos os inquiridos consideraram que houve alterações no tempo, duração, quantidade, intensidade e frequência da precipitação. Os agricultores observaram graves alterações nos parâmetros da precipitação, que afectaram o calendário das culturas. A maioria dos agricultores sentiu uma diminuição do número de dias de chuva, da quantidade de chuva e da duração da chuva.

Tabela13: Alteração dos parâmetros de precipitação

	Alteração dos parâmetros de precipitação		
Distrito	Dhading	Chitwan	Total
Sim	60	58	118
Não	0	2	2

Fonte: Inquérito de campo, 2015

4.6.2 Perceção dos agricultores sobre o padrão de precipitação no inverno

Os agricultores consideram que, nos últimos anos, se registaram mais de 60% de precipitações irregulares. A maioria dos agricultores de Dhading e Chitwan apercebeu-se de precipitação irregular nos últimos anos.

Quadro 14: Perceção do agricultor sobre a alteração do padrão de precipitação

Distrito	**Mais precipitação**	**Sem precipitação**	**Chuvas irregulares**
Dhading	13	7	40
Chitwan	12	13	35

Total	25	20	75

Fonte: Inquérito de campo, 2015

4.6.3 Perceção dos agricultores sobre as alterações das temperaturas no verão, no inverno e nas monções

Os agricultores aperceberam-se de que as temperaturas no verão e no inverno tinham mudado para valores mais elevados. O estudo revelou que a maioria dos agricultores sentiu um aumento da temperatura no verão. Em Dhading, 80% dos agricultores sentiram um aumento da temperatura estival, enquanto em Chitwan todos os agricultores sentiram um aumento da temperatura estival. O estudo revelou igualmente que cerca de 50% das pessoas sentiram um aumento da temperatura no inverno. Cerca de 80% das pessoas consideram que a monção se deslocou mais tarde na zona de estudo.

Quadro 15. Perceção dos agricultores sobre as alterações das temperaturas no verão, no inverno e nas monções

Alterações da temperatura no verão			
Distrito	Diminuir	Aumentar	Constante
Dhading	10	48	2
Chitwan	0	60	0
Total	10	108	2
Alterações da temperatura no inverno			
Distrito	Diminuir	Aumentar	Constante
Dhading	34	17	9
Chitwan	23	37	0
Total	57	54	9
Mudança na monção			
Distrito	Dhading	Chitwan	Total
Anteriormente	12	9	21
Mais tarde	46	51	97
Sem alterações	2	0	2

Fonte: Inquérito de campo, 2015

4.6.4 Perceção dos agricultores sobre a dinâmica das pragas

O estudo revelou que mais de 80% dos agricultores se aperceberam da dinâmica das pragas. Em ambos os distritos, a percentagem de pessoas que tiveram contacto com a dinâmica das pragas é semelhante. O conhecimento dos agricultores sobre o aumento da população de pragas revelou que 75% aumentaram a população de pragas em relação a 10 anos atrás. 35% das pessoas acreditam que os predadores foram eliminados devido à alteração do ambiente causada pela variabilidade climática. O agricultor acredita que 40% das pragas ressurgiram para se tornarem pragas ainda mais mortais. 90% dos agricultores declararam a incidência de novas pragas na área de estudo.

Quadro 16: Perceção dos agricultores sobre a dinâmica das pragas

Dinâmica de pragas com experiência			
Distrito	Dhading	Chitwan	Total
Sim	51	50	101
Não	9	10	19
Aumento de pragas			
Distrito	Dhading	Chitwan	Total
Sim	40	50	90
Não	20	10	30
Eliminação de predadores			
Distrito	Dhading	Chitwan	Total
Sim	10	25	35
Não	50	35	85
Ressurgimento de pragas			
Distrito	Dhading	Chitwan	Total
Sim	23	26	49
Não	37	34	71
	Surgimento de novas pragas		
Distrito	Dhading	Chitwan	Total
Sim	41	51	92
Não	19	9	28

Fonte: Inquérito de campo, 2015

4.7Impactos das alterações climáticas na produção de trigo

Esta secção inclui os impactos das alterações climáticas na rotação de culturas, calendário de culturas, tendências de produção e produtividade, práticas adoptadas pelos agricultores para fazer face a esses impactos.

4.7.1Rotação de culturas adoptada pelos agricultores

Na área de estudo, foram encontradas várias rotações de culturas. O padrão de cultivo um pouco diferente foi relatado pelo agricultor em comparação com o passado em Chitwan. Quase todos os agricultores plantaram arroz e trigo. Os agricultores deram prioridade à cultura do arroz em qualquer situação, se a precipitação fosse atempada. Os agricultores que criaram um poço tubular para irrigação não alteraram o seu padrão de cultivo; em vez disso, cultivam diferentes tipos de produtos hortícolas e frutícolas sazonais e não sazonais.

Quadro 17. As principais rotações de culturas seguidas pelos agricultores dos distritos de Dhading e Chitwan são Sistema de culturas recentes

Dhading	Chitwan
Arroz-trigo-milho	Arroz-trigo-milho
Arroz-Lentilha-Milho	Arroz-trigo
Arroz-Mostarda-Milho	Arroz-legumes
Arroz-trigo-legumes	Arroz-trigo-sarraceno-milho
Arroz-legumes	Milho-trigo-legumes
Milho/Milho-mostarda	Milho-legumes

Sistema de cultivo há 10 anos atrás:

Dhading	Chitwan
Arroz-trigo-milho	Arroz-trigo-milho
Arroz-Lentilha-Milho	Arroz com mostarda e arroz
Arroz-Mostarda-Milho	Arroz-legumes
Arroz-trigo-legumes	Arroz-trigo-sarraceno-milho
Arroz-legumes	Milho-trigo-legumes
Milho/Milho-mostarda	Arroz-trigo-arroz
Milho+leguminosas-Vegetais	Arroz-Mostarda-Milho

Fonte: Inquérito de campo, 2015

4.7.2 Calendário de culturas

O início da precipitação atempada é o principal fator para melhorar a produção agrícola.

As alterações do regime pluviométrico afectam negativamente o calendário normal de culturas dos agricultores. Dado que mais de 80% do padrão de cultivo é arroz-trigo, o atraso na transplantação do arroz atrasa o cultivo do trigo. Verificou-se uma mudança de quase um mês a um mês e meio no calendário de culturas.

4.7.3Situação da segurança alimentar

A segurança alimentar é um fator importante para determinar a situação dos meios de subsistência. A suficiência alimentar significa aqui a disponibilidade e o acesso a alimentos para satisfazer as necessidades dietéticas dos membros do agregado familiar através da sua própria produção. O critério de suficiência alimentar foi classificado da seguinte forma para estudar a condição de suficiência alimentar nos distritos de Dhading e Chitwan. 28,33% da população da área de estudo era insuficiente em termos alimentares. No distrito de Dhading, 36,67% eram insuficientes em termos alimentares e 20% das pessoas eram insuficientes em termos alimentares em Chitwan. No total, 71,67% da população da área de estudo tinha segurança alimentar.

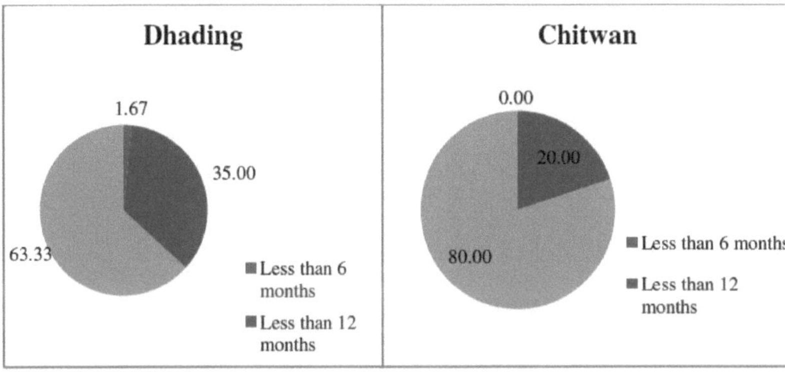

Figura 2: Situação da segurança alimentar na zona de estudo

4.8Análise dos dados climáticos dos últimos vinte anos

4.8.1 Análise dos dados climáticos da estação de Rampur, Chitwan

4.8.1.1 Análise dos dados de temperatura nos últimos vinte anos da estação de Rampur

Para analisar a tendência da temperatura máxima, os dados de temperatura dos últimos vinte anos foram retirados da Estação Meteorológica de Rampur, NMRP. A análise da tendência mostrou que houve uma diminuição da temperatura máxima e média nos últimos 20 anos, mas a temperatura mínima durante este período aumentou $0{,}001^{0}$ C por ano. A análise das tendências contrastou com a perceção dos agricultores de que o verão era mais quente do que no passado. A perceção do agricultor pode dever-se ao aumento da temperatura mínima ao longo dos anos.

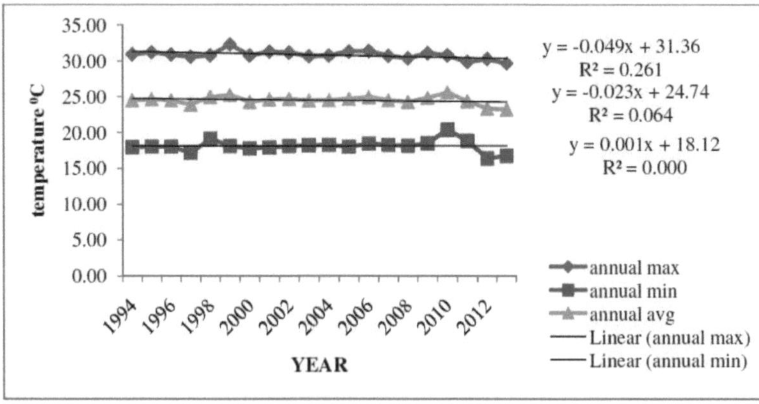

Figura 3: Análise da tendência da temperatura nos últimos vinte anos em Chitwan

4.8.1.2 Análise dos dados de precipitação da estação de Rampur

A análise dos dados de precipitação dos últimos 13 anos da estação de Rampur mostrou um padrão irregular de precipitação ao longo dos anos. A precipitação anual, a precipitação pré-monção (março-maio), a precipitação monção (junho-setembro), a precipitação pós-monção (outubro-novembro) e a precipitação de inverno (dezembro-fevereiro) variaram ao longo do horizonte temporal. A análise das tendências mostrou que a precipitação anual tinha diminuído significativamente ao longo do ano. Registou-se uma diminuição anual de 70,05 mm da precipitação em Chitwan. A precipitação sazonal também diminuiu em Chitwan em 4,42 mm por ano. Em contraste com a precipitação, a produtividade aumentou, o que pode dever-se a outros factores, como a melhoria das variedades, as instalações de irrigação e a utilização de fertilizantes químicos.

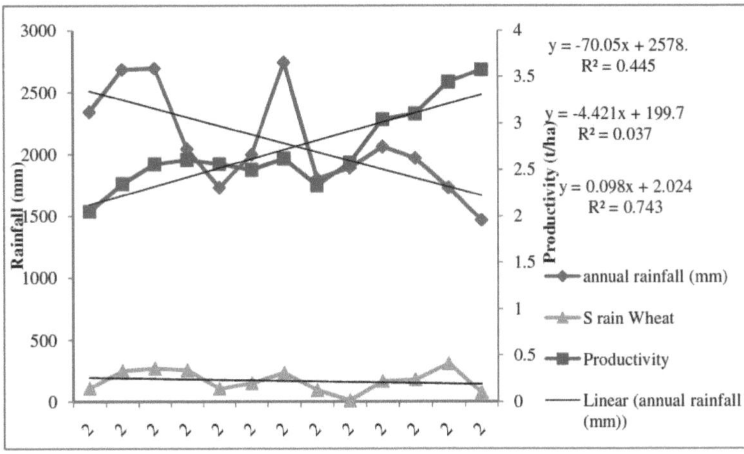

Figura 4: Análise da tendência da precipitação na estação de Rampur

4.8.2 Análise dos dados climáticos da estação de Dhunebesi, Dhading

4.8.2.1 Análise dos dados de temperatura nos últimos vinte anos da estação de Dhunebesi

A variação da temperatura foi observada na análise da tendência da temperatura máxima, mínima e média da estação de Dhunebesi. A linha de tendência mostrou que a temperatura máxima estava a aumentar em 0,012^0 C, enquanto a temperatura mínima e a média estavam a diminuir em 0,036^0 C e 0,012^0 C, respetivamente.

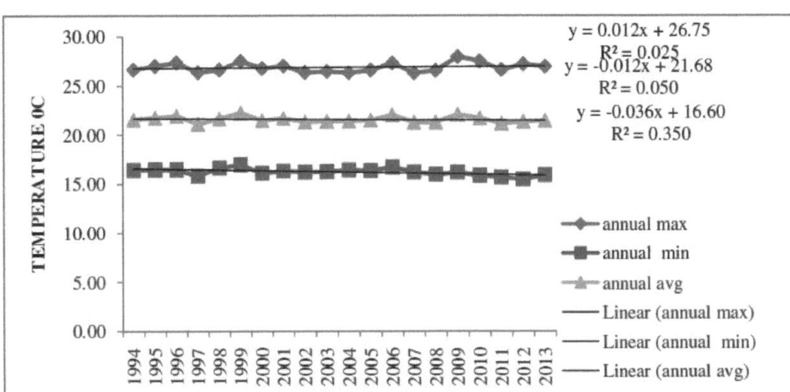

Figura 5: Análise da tendência da temperatura nos últimos vinte anos em Dhading

4.8.2.2 Análise dos dados de precipitação da estação de Dhunebesi

A análise dos dados de precipitação dos últimos 13 anos da estação de Dhunebesi mostrou um padrão irregular de precipitação ao longo dos anos. A análise das tendências mostrou que a precipitação anual tinha diminuído 1,68 mm ao longo do ano. A precipitação sazonal também diminuiu em Dhading em 3,602 mm por ano.

Em contraste com a precipitação, a produtividade aumentou 0,047 toneladas por ano, o que pode dever-se a outros factores que não apenas as alterações climáticas.

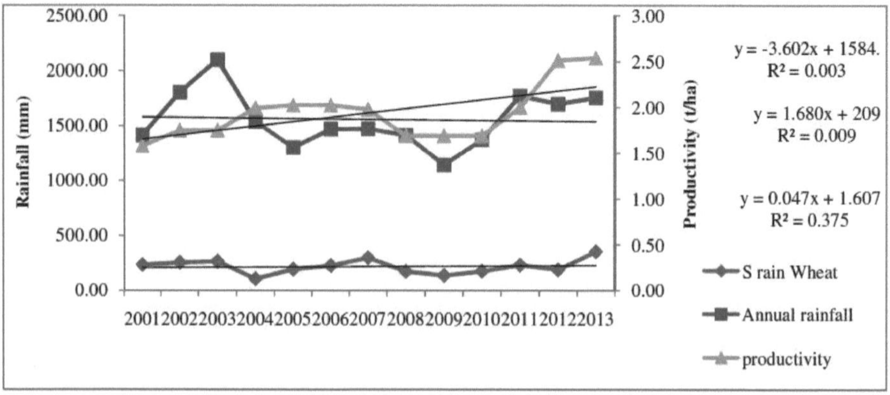

Figura 6: Análise das tendências da precipitação anual, da precipitação sazonal e da produtividade do trigo em Dhading

4.8.3 Análise das tendências da superfície cultivada e da produtividade do trigo

4.8.3.1 Análise das tendências da superfície e da produtividade em Chitwan

A análise das tendências mostrou que a superfície cultivada com trigo estava a diminuir significativamente em Chitwan ao longo do ano. Registou-se um decréscimo anual da área cultivada com trigo de 113,1 ha em Chitwan. Isto mostra que os agricultores estavam relutantes em cultivar trigo na zona de estudo.

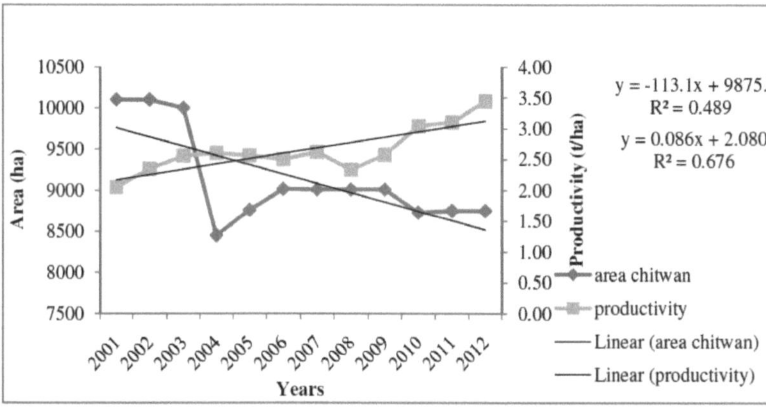

Figura 7: Análise da tendência da área cultivada e da produtividade do trigo, Chitwan

4.8.3.2 Análise das tendências da superfície e da produtividade em Dhading

A análise das tendências revelou uma diminuição muito menor da superfície em Dhading do que em Chitwan, embora a superfície cultivada com trigo tenha diminuído 4,109 ha por ano desde 2001/2002. Em contraste com a diminuição da superfície, a produtividade parece ter aumentado 0,047 t/ha desde 2001.

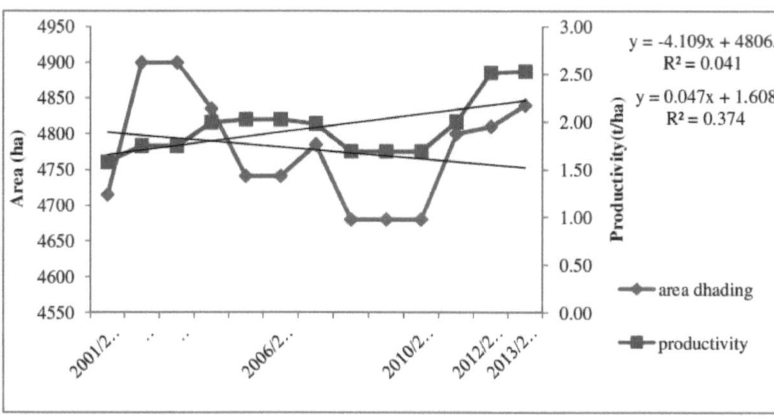

Figura 8: Análise da tendência da superfície cultivada e da produtividade do trigo, Dhading

4.9Impacto da variabilidade climática na produtividade do trigo

4.9.1Regressão linear logarítmica da produtividade do trigo e da variabilidade climática em Dhading

Os vários factores de previsão utilizados para determinar o impacto da variabilidade climática na produtividade do trigo foram a temperatura máxima sazonal, a temperatura mínima sazonal, a precipitação sazonal e a área cultivada com trigo. Entre eles, a temperatura mínima sazonal foi considerada negativamente significativa ($p<0,1$) para a produtividade do trigo. Com cada mudança de grau na temperatura mínima, a produtividade diminui pelo expoente 1,805. Outros factores de previsão, como a temperatura máxima sazonal, a precipitação sazonal e a área, foram positivos mas não significativos para a produtividade. A equação pode ser dada como

lnprodutividade=-28,886+ lnSmax T + lnSmin T + ln SRF + ln Área

Quadro 18: Regressão linear logarítmica da produtividade do trigo e da variabilidade climática em Dhading

	Coeficientes não padronizados		**Coeficientes padronizados**	**t**	**Sig.**
		Erro Std.	Beta		
(Constante)	-28.886	29.008		-.996	.349
Ln S max T	.623	1.994	.106	.313	.763
Ln S min T*	-1.805	.947	-.552	-1.906	.093
Ln S RF	.029	.138	.062	.212	.837
Área Ln	3.762	3.074	.414	1.224	.256

* Significativo ao nível de 10%
R^2 =0,43

4.9.2 Regressão logarítmica da produtividade do trigo e da variabilidade climática em Chitwan

Os vários factores de previsão utilizados para determinar o impacto da variabilidade climática na produtividade do trigo foram a temperatura máxima sazonal, a temperatura mínima sazonal, a precipitação sazonal e a área cultivada com trigo. Entre eles, a temperatura máxima sazonal foi negativamente significativa ($p<0,05$) para a produtividade do trigo. Com cada mudança de grau na temperatura máxima, a produtividade diminui pelo exponencial de 3,56. Outros factores de previsão como a temperatura mínima sazonal, a precipitação sazonal e a área também foram negativos mas não significativos para a produtividade. A partir dos casos utilizados, foi possível prever o resultado com 73,7% de exatidão. A equação pode ser dada como

ln produtividade=22,11+ lnSmax T + lnSmin T + ln SRF + ln Área

Quadro 19: Regressão linear logarítmica da produtividade do trigo e da variabilidade climática em Chitwan

	Coeficientes não padronizados	Erro Std.	t	Sig.
(Constante)	22.11150499	4.944152	4.472254	0.002077
Ln S max T**	-3.562357812	1.450438	-2.45606	0.039561
Ln S min T	-0.229042019	0.250566	-0.9141	0.387386
Ln S RF	-0.013603227	0.035612	-0.38199	0.712417
Área Ln	-0.946693772	0.544879	-1.73744	0.120513

R^2 =0,737

Quadro 20: Descrição estatística das diferentes variáveis utilizadas no modelo logit

Variáveis	Média	Erro padrão
Distrito	0.5	0.5
Idade HHH	51.80	12.93
Género HHH	0.9	0.30
Casta	0.61	0.48
Educação	0.23	0.42
Ocupação	0.77	0.41
Tipo de casa	0.5	0.5
Dimensão da exploração	11.51	10.18
Exploração de terras para trigo	0.47	0.48
Adaptação	0.48	0.50
Situação da segurança alimentar	0.7	0.45
LSU	7.58	19.69
Rendimento anual do trigo	11606.67	9467.49
Despesas totais	7919.56	3487.73
Tamanho da família	5.12	1.82

Quadro 21: Resultados da regressão logit para identificar o fator que influencia a prática de mais estratégias de adaptação aos impactos das alterações climáticas na agricultura na área de estudo

Variável	Coeficientes	Z	P>|Z|	Erro padrão	dy/dx[b]	S.E [b]	Z [b]	p>|Z|[b]
Distrito	-0.817	-0.16	0.870	0.498	-0.02	0.124	-0.16	0.870
Idade HHH	-0.004	-0.22	0.825	0.019	-0.001	0.004	-0.22	0.825
Género HHH	-2.946***	-2.18	0.023	1.293	-0.522	0.104	-5.02	0.000
Casta	0.641	1.27	0.206	0.506	0.157	0.121	1.30	0.195
Educação	0.267	0.44	0.663	0.614	0.066	0.152	0.44	0.662

Ocupação	-0.238	-0.41	0.682	0.581	-0.059	0.144	-0.41	0.681
Tipo de casa	-1.007**	-2.05	0.041	0.491	-0.245	0.115	-2.14	0.033
Dimensão da exploração	0.024	0.90	0.367	0.027	0.006	0.006	0.90	0.366
Situação da segurança alimentar	-0.247	-0.47	0.641	0.530	-0.061	0.132	-0.47	0.640
LSU	0.003	0.33	0.742	0.011	0.000	0.002	0.33	0.742
Rendimento anual	-0.000***	-2.85	0.004	0.000	-0.000	0.000	-2.86	0.004
Despesas totais	0.000***	0.35	0.73	0.000	0.000	0.000	0.34	-0.000
Tamanho da família	-0.251*	-1.69	0.091	0.148	-0.062	0.037	-1.69	0.091
Constante	5.246	3.02	0.003	1.736	-	-	-	-

*** Significância a p= 1%; ** Significância a p = 5%; *Significante a p=10%[b] Variação marginal da probabilidade (efeitos marginais após logit) avaliada nas médias da amostra.

A análise de regressão logística mostra que as variáveis género do chefe de família, tipo de casa, rendimento anual do trigo, despesa anual da produção de trigo e dimensão da família foram estatisticamente significativas para a prática de estratégias de adaptação.

O género do chefe de família (dummy) foi considerado estatisticamente significativo de forma negativa (P>0,01) para a adaptação das medidas de atenuação. Isto indica que o aumento do número de mulheres chefes de família aumenta as hipóteses de adaptação em 52,2%. Da mesma forma, o tipo de casa também foi considerado significativo (P>0,05) negativamente para a adaptação. Isto indica que a população que vive numa casa de betão está relutante em utilizar medidas de adaptação. O rendimento e as despesas anuais da produção de trigo foram significativos (P>0,01), o rendimento anual foi negativamente significativo para a produção de trigo, enquanto as despesas anuais foram positivamente significativas para as medidas de adaptação.

Da mesma forma, a dimensão média da família é negativamente significativa (P>0,1) para a adaptação, um aumento da dimensão da família reduz as hipóteses de adaptação em 6,2%. Outros factores como a casta, a educação, a dimensão da exploração agrícola e a unidade padrão de gado (LSU) são positivos mas não significativos para a adaptação. Por outro lado, o estatuto de segurança alimentar, a idade do chefe de família, a ocupação e o distrito foram negativos, mas não significativos, para a adaptação às medidas de atenuação das alterações climáticas.

Quadro 22: Estatísticas resumidas

Número de observações (N)	114
Probabilidade logarítmica	-62.586
LR chi2(6)	38,70(Prob>chi2 = 0,000)
Pseudo R^2	0.2064

IROC	0.8046

4.10 Medidas de adaptação utilizadas pelos agricultores nos distritos de Dhading e Chitwan

Os agricultores da área de estudo praticaram diferentes estratégias de adaptação para minimizar os impactos das alterações climáticas nas suas explorações agrícolas, com base na sua própria experiência e ajustando as suas práticas agrícolas. Os agricultores utilizaram espécies de ervas daninhas para preparar composto e materiais de cobertura vegetal, e utilizaram túneis de plástico para o cultivo de vegetais no período de inverno. Algumas medidas de adaptação utilizadas pelos agricultores para fazer face aos impactos das alterações climáticas no trigo são a utilização de mais estrume e fertilizantes, a mudança de variedade, a alteração da época de sementeira, a diversificação das culturas, a gestão da irrigação e a utilização de variedades de arroz de curta duração.

CAPÍTULO 5. RESUMO E CONCLUSÕES

5.1Resumo

As alterações climáticas constituem uma ameaça crescente para a sustentabilidade da produção agrícola e para as estratégias de subsistência das populações pobres e rurais em todo o mundo. Devido às diversas condições climáticas e às diferentes situações geofísicas combinadas com a variabilidade climática, os agricultores de subsistência, pobres em recursos e marginais foram gravemente afectados.

A agricultura é a principal fonte de alimentação e está muito dependente do clima e da natureza. É a base de sustentação da maioria da população e a fonte de subsistência da maior parte da população nepalesa. São sobretudo os pequenos agricultores que praticam a agricultura de subsistência que são fortemente afectados pelas alterações climáticas e pelas suas implicações na agricultura. O estudo foi realizado nos municípios de Nilkantha-7 e 8 de Dhading e no município de Chitrawan, Gunjanagar de Chitwan. Sessenta agricultores de cada local foram selecionados aleatoriamente para o estudo. Os dados primários foram recolhidos a partir de um programa de entrevistas pré-testado, de entrevistas a informadores-chave, de observação direta e de discussões em grupos de reflexão. Para a análise dos dados, foram utilizadas estatísticas descritivas, bem como uma análise de tendências e um modelo de regressão logística.

A população estudada era dominada por brâmanes e chhetri (61,67%), seguidos pela comunidade Janjati, com a agricultura (42,28%) como principal ocupação. Os agricultores da área de estudo desviaram-se gradualmente para outras opções de subsistência, como remessas de dinheiro e actividades não agrícolas, para além da agricultura.

A maioria dos agricultores (81,67%) apercebeu-se de mudanças na variabilidade climática nos últimos anos. O estudo revelou que mais de 80% dos agricultores se aperceberam da dinâmica das pragas na área de estudo. Os agricultores (90%) consideram que a temperatura estival tem vindo a aumentar e 50% dos agricultores consideram que a temperatura estival aumentou. 41,17% dos agricultores consideram que a biodiversidade diminuiu em Dhading e 34,78% dos agricultores de Chitwan consideram que a biodiversidade diminuiu.

Devido ao início tardio da monção, o período de cultivo do arroz foi alterado e, consequentemente, a cultura do trigo foi significativamente afetada. A transplantação do arroz foi atrasada até um mês e meio, o que obrigou os agricultores a alterar o seu calendário de cultivo. 28,33% da população da zona de estudo não dispunha de alimentos suficientes provenientes da sua própria produção.

O estudo revelou que mais de 80% dos agricultores se aperceberam da dinâmica das pragas. O conhecimento dos agricultores sobre o aumento da população de pragas revelou que 75% aumentaram a população de pragas em relação a 10 anos atrás. 35% das pessoas acreditavam que os predadores tinham sido eliminados devido à alteração do ambiente causada pela variabilidade climática. 40% dos agricultores acreditam que a praga ressurgiu para se tornar uma praga ainda mais mortal. 90 % dos agricultores declararam a incidência de novas pragas na zona de estudo.

A análise dos dados de precipitação dos últimos 13 anos da estação de Rampur revelou um padrão irregular de precipitação ao longo dos anos. A análise das tendências mostrou que a precipitação anual tinha diminuído significativamente ao longo do ano, registando uma diminuição anual de 70,05 mm da precipitação em Chitwan. A precipitação sazonal também diminuiu em Chitwan em 4,42 mm por ano.

Em Chitwan, a temperatura média anual e a temperatura máxima estão a diminuir, mas a temperatura mínima está a aumentar, ao passo que em Dhading a temperatura máxima está a aumentar, em contraste com a diminuição da temperatura média anual e da temperatura mínima. A análise das tendências apoia fortemente a perceção dos agricultores de que o verão era mais quente e o inverno menos frio em comparação com o passado em Dhading, o que contrasta com Chitwan. A temperatura máxima sazonal reduz significativamente a produtividade em Chitwan, ao passo que, em Dhading, a temperatura mínima sazonal reduz significativamente a produtividade do trigo.

5.2Conclusão

A questão das alterações climáticas é global, de longo prazo e envolve uma interação complexa entre processos demográficos, climáticos, ambientais, económicos, sanitários, políticos, institucionais, sociais e tecnológicos. Tem implicações significativas no contexto do desenvolvimento sustentável. As alterações climáticas terão impacto nos sistemas sociais, económicos e ambientais e moldarão as perspectivas de segurança alimentar, hídrica e sanitária, especialmente dos pequenos agricultores. As alterações e a variabilidade climáticas podem provocar danos irreparáveis nas terras aráveis e nos recursos hídricos, com consequências locais graves para a produção alimentar.

Os pequenos agricultores e os agricultores de subsistência sofrerão impactos das alterações climáticas que serão específicos a nível local e difíceis de prever. As pequenas dimensões das explorações agrícolas, a baixa tecnologia, a baixa capitalização e a diversidade de factores de stress não climáticos tenderão a aumentar a vulnerabilidade, mas os factores de resiliência - mão de obra familiar, padrões existentes de diversificação fora da agricultura e posse de um acervo de conhecimentos indígenas - não devem ser subestimados.

O estudo revelou que a produtividade do trigo estava a aumentar, embora a área cultivada com trigo estivesse a diminuir, o que pode não se dever apenas aos impactos das alterações climáticas, mas a outros factores como uma melhor gestão, uma melhor adubação, a utilização de variedades melhoradas e a disponibilidade de água de irrigação, etc. Mas a temperatura máxima sazonal é significativa ($P<0,05$) na redução da produtividade em Chitwan e a temperatura mínima sazonal é significativa ($P<0,1$) na redução da produtividade em Dhading. Os outros factores de previsão não são significativos, mas em Chitwan tiveram um efeito negativo na produtividade, ao passo que em Dhading tiveram um efeito positivo.

Os agricultores têm vindo a utilizar os seus conhecimentos e experiências indígenas na aplicação de medidas de adaptação ao nível da base. Foram adoptadas várias estratégias de adaptação. Por conseguinte, é importante planear estratégias de adaptação sustentáveis com base na investigação científica e preparar os agricultores para fazer face aos impactos crescentes das alterações climáticas nos próximos dias.

5.3Implicações políticas

Com base nos resultados, em Dhading, espera-se que o rendimento aumente com o aumento da área e da precipitação sazonal, enquanto em Chitwan se espera que diminua devido a este fator. Por conseguinte, para fazer face a estes impactos negativos, os responsáveis políticos devem concentrar-se nas seguintes prioridades no futuro.

> Deve ser ministrada aos pequenos agricultores formação relacionada com as técnicas de adoção.

> Campanha de sensibilização sobre os impactos das alterações climáticas na agricultura.

> Devem ser desenvolvidas políticas de crédito e de seguros para fazer face às consequências negativas das alterações climáticas.

> Disposições relativas ao acesso dos agricultores às previsões meteorológicas a curto prazo

> Melhoria da prestação de serviços de extensão

> Devem ser efectuados mais trabalhos de investigação para determinar os impactos num sítio específico e as respectivas medidas de atenuação.

LITERATURA CITADA

Agrawal, P. K. e N. Kalra.1994. Analyzing the limitation set by climate factors, genotype, and water and nitrogen availability on productivity of wheat II. Rendimento potencial climático e estratégias de gestão óptimas. Field crop res. 38:93-103

Agrawala S.V Raksakulthai, M. Aalast, P. Larsen, J. Smith e J.Raynolds.2003 Estratégias de desenvolvimento e adaptação a nível comunitário, LIBIRD, Pokhara. Nepal and climate change in Nepal: focus on water resources and hydropower . Organização para a Cooperação e o Desenvolvimento Económico, Paris, França. 64p. e International Centre for Integrated Mountain Development Kathmandu, Nepal. 211p e J. Clarkson (eds) . The Regions and Global Warming: Impacts and Response Strategies, Oxford University Press, Nova Iorque, EUA. Pp. 79-90 e Nepal: comparação e conexões com a caraterística sobre a Índia. Jornal Internacional de Climatologia 16: 689-703

Baidya, K.S. e J. Karmacharya. 2007. Observed and Future Climate Change in Nepal. *In:* Climate Change and Human Health: Potential Impact, Vulnerability and Adaptation in Nepal. Procedimentos do Workshop Nacional realizado em Kathmandu, Nepal, de 19 a 21 de dezembro de 2007. pp.22-23.

Barker, V.A. e E. Siri. 2003. Mainstreaming adaptation to climate change in the development process (Integração da adaptação às alterações climáticas no processo de desenvolvimento). Tese de Mestrado, Universidade do Texas. 150p.Berchtesgaden, Alemanha. Pp. 179-188

Briggle, K.S., 1980. Impactos das alterações climáticas na Ásia. *In*: M..A. TomanandU.Chakravort (eds.) Asia and Global Climate Change. Universidade de Yashahama, Japão. pp 110-125.

Chalise, S. R. 1994. Ambiente de montanha e alterações climáticas nos Himalaias de Hindu Kush. DADO. 2010. Relatório anual. Gabinete Distrital de Desenvolvimento Agrícola, Dhading, 82p.

Dahal, N e L. Khanal. 2010. Percepções das alterações climáticas nos Himalaias. Boletim Tiempo. Edição número 26.pp 19-24.

Dahal, N. 2005.Setting climate change adaptation policy in Nepal./": G.R. Joshi (ed.), Nepal up in smoke: time for action on climate change. LIBIRD, Nepal.

Deressa, T., R. M. Hassan e C. Ringler. 2008.Measuring Ethiopian farmers' vulnerability to climate change across regional states, organizado pela Ethiopian Climate change concerned society, Vogar, Etiopia.54 p.

FAO, 2007. Adaptação às alterações climáticas na agricultura, silvicultura e pescas: perspetiva, quadro e prioridades. FAO, Roma.

FAO. 2001 O estado da insegurança no mundo 2001. Organização das Nações Unidas para a Alimentação e a Agricultura

Gautam, A. K. e S. Pokhrel, 2010. Climate change effects on agricultural crops in Nepal and adaptation measures.Technical Working Group, Kathmandu, Nepal, Feb 23-24, 2010.

Gautam, A. K. e S. Pokhrel, 2010. Climate change effects on agricultural crops in Nepal and adaptation measures (Efeitos das alterações climáticas nas culturas agrícolas no Nepal e medidas de adaptação). Apresentado na reunião do Grupo de Trabalho Temático (agricultura e segurança alimentar), 23 de fevereiro de 2010, Katmandu, Nepal.

Gurung, G.B. e D. Bhandari. 2008. An Integrated Approach to Climate Change Adaptation [Uma abordagem integrada para a adaptação às alterações climáticas]. Revista sobre Baixo Consumo Externo e Agricultura Sustentável.24, 4. dezembro de 2008.

IFPRI.2009. Climate Change, Impact on Agriculture and Costs of Adaptation (www.ifpri.org/sites/default/files/publications/pr21app1.pdf) In: Beniston, M.(ed) Mountain Envieonments in changing Climate. Londres, Reino Unido. Pp. 382-404

IPCC .2001. Climate change Impacts, Adaptation and Vulnerability (Impactos das alterações climáticas, adaptação e vulnerabilidade). Contribuição do Grupo de Trabalho II para o Terceiro Relatório de Avaliação do Painel Intergovernamental sobre as Alterações Climáticas. Cambridge: Cambridge University Press.

IPCC. 2007. Painel Intergovernamental sobre as Alterações Climáticas. 4º Relatório de Avaliação: Alterações climáticas.

IPCC.2007.Resumo para os decisores políticos. In: Climate Change 2007:Impacts, Adaptation and Vulnerability. Contribuição do Grupo de Trabalho II para o Quarto Relatório de Avaliação do Painel Intergovernamental sobre as Alterações Climáticas, M.L. Parry, O.F. Canziani, J.P. Palutikof, P.J. Linden e C.E. Hanson,(Eds).Cambridge University Press, Cambridge, UK, 7-22.

Khanal. N.R. 2005. Desastres induzidos pela água: estudos de caso dos Himalaias do Nepal,

Kripalani, R. H , S. Inasmdar e N.A . Sontakke. 1996 Variabilidade da precipitação no Bangladesh

Lobell, David B., J. Ivan Ortiz-Monasterio, P. Gregory Asner, Pamela A. Matson, Rosamond L. Naylor e Walter P. Falcon.2005. Análise do rendimento do trigo e das tendências climáticas no México. Field Crops Research 94, 250-256.

Malla, G. 2008. Climate Change and its Impact on Nepalese Agriculture. The Journal of Agriculture and Environment. Government of Nepal, Ministry of Agriculture and Cooperatives. Vol: 9.

Manandhar, S. 2009. Perceção e adaptação às alterações climáticas pelos agricultores em diferentes zonas ecológicas da região de desenvolvimento ocidental do Nepal. Tese de Mestrado, Instituto Asiático de Tecnologia (AIT), Escola de Recursos Ambientais e Desenvolvimento, Tailândia.

MoAC. 2008 Informação estatística sobre a agricultura nepalesa. Promoção da agroindústria

MoAD, 2012. Informação estatística sobre a agricultura nepalesa, 2011/2012. Ministério do Desenvolvimento da Agricultura, Katmandu.

MoAD, 2014. Informação estatística sobre a agricultura nepalesa, 2013/2014. Ministério do Desenvolvimento da Agricultura, Katmandu.

MOE, 2010a. Programa de ação nacional de adaptação (NAPA) às alterações climáticas (relatório).
MOE.2010b. Mapeamento da vulnerabilidade às alterações climáticas no Nepal. Ministério do Ambiente,

NAPA. 2010. Ministério do Ambiente Programa de Ação Nacional de Adaptação (PANA) às Alterações Climáticas. Programa de Ação Nacional de Adaptação (PANA) às Alterações Climáticas, Katmandu, Nepal.

NPC.2007. Plano Intercalar Trienal 2007-2010. NPC, Governo do Nepal, Katmandu, Nepal.

Orindi, V.A. e E. Siri. 2005. Mainstreaming adaptation to climate change in the development process in Uganda.Eco-policy 15. Centro Africano de Estudos Tecnológicos (ACTS).

Pachauri .R.K .1992. Aquecimento global: impactos e implicações para o Sul da Ásia. In: Schmandt, J.

Pant, K.P. 2011. Economics of climate change for smallholder farmers in Nepal: a review. Jornal da Agricultura e do Ambiente 12: 113-126

Pathak, K. 2003. Climate Potential and on Farm Yield Trends of Rice and Wheat in the Indo Gangatic Plains Field Crops Vol: 80. pp 223-234.

Pokhrel, A.P. 2007. Impacto das alterações climáticas nos recursos hídricos do Nepal: Climate Change and Human Health: Potential Impact, Vulnerability and Adaptation in Nepal. Procedimentos do Workshop Nacional realizado em Kathmandu, Nepal, de 19 a 21 de dezembro de 2007.pp.37-47.

Poudel, S, 2010 - O impacto das alterações climáticas sobre o rendimento das culturas e a sua variabilidade no Nepal: será que é possível?

Actas do Workshop sobre Alterações Climáticas no Nepal, 25 de junho de 1997, Kathmandu Nepal. Pp. 16-32

Regmi, B. R. 2004. Climate Change Risk and Vulnerability in Nepal.Time for Action on Climate Change.Local Initiative for Biodiversity, Research and Development (LI-BIRD) and Clean Energy Nepal.

Regmi, B.R., L. Thapa, G.B Sharma e S. Khadka. 2008. Climate change risk, vulnerability.

Sherchand, M. 2007. Climate Change and Agriculture In Nepal julho de 2007. DSSAT

Shrestha , M.L. 1997 Desenvolvimento de cenários de alterações climáticas com referência ao Nepal.

Divisão de Estatística, Katmandu, Nepal.

PNUA. 2001, Nepal: State of the environment 2001. Programa das Nações Unidas para o Ambiente.

Warrick, R. A.1988, Carbon Dioxide, Climate Change and Agriculture. The Geographical Journal 154:2, 221-233. Sítio Web: www.tiempocvberclimate.org/newswatch/feature050910.htm (Recuperado em 2 de dezembro de 2014).

Zhai, Fan e Z. Juzhong .2009. Impacto das alterações climáticas na agricultura: A General equilibrium Analysis with Special Reference to Southeast Asia [Uma análise de equilíbrio geral com especial referência ao Sudeste Asiático]. Instituto do Banco Asiático de Desenvolvimento. (Documento de trabalho ADBI 131).

APÊNDICES

Apêndice 1 : Temperatura máxima de Dhading

Latitude: 27^0 43'

Longitude: 85^0 11'

Elevação: 1085 m

Ano	Jan	Fev	Mar	abril	maio	Jun	Jul	agosto	setembro	outubro	Nov	Dez
1994	19.6	20.7	26.6	30.6	32.3	31.3	30.3	30	28.6	27.2	22.9	19.8
1995	17.9	20.5	26.3	31.1	34.7	31.5	30.8	30.4	29.8	28	23.5	19.8
1996	18.8	22	27.7	31.4	33.7	31.7	31.5	30.4	29.6	26.7	24.4	20.6
1997	18.5	20.3	26.8	27.4	31.2	32.1	31.1	30.9	30.1	26.3	23.7	18.3
1998	18.6	21.5	23.7	29.3	30.6	32.1	29.8	30.2	30.2	28.5	24.6	20.7
1999	19.4	24.9	28.2	34.1	31.7	31.6	29.4	29.7	29.5	26.7	24.7	20.4
2000	19.2	21.3	25.9	31.1	31	30.1	30.6	30.1	29.4	28.2	24.4	20.2
2001	18.8	22.8	26.6	31.5	30.2	31.1	30.8	31.1	29.4	28.3	23.9	20
2002	18.3	21.8	26.7	28.9	29.4	31.4	30.6	30.1	28.1	26.8	24.4	20.2
2003	18.9	21	24.4	30.2	30.9	31.1	30.8	30.4	29.1	27.8	23.7	19.4
2004	18.4	22	28.7	29.8	31.4	30.6	29.9	30.2	29.1	26	21.4	18.5
2005	17.5	22.1	27.0	30.2	30.6	33.0	30.8	29.7	30.3	27.0	22.3	18.8
2006	20.0	24.8	27.2	30.7	31.8	31.2	31.3	30.6	29.3	28.0	23.3	19.6
2007	18.0	19.7	25.3	30.7	31.8	32.0	30.0	30.4	28.9	27.3	22.8	18.9
2008	17.9	20.3	26.7	30.5	31.6	31.0	30.6	29.9	29.7	27.4	23.3	19.9
2009	20.0	24.3	28.2	32.7	33.1	33.9	32.0	30.9	31.0	27.4	22.8	19.1
2010	19.4	21.8	28.9	33.0	33.2	34.2	31.0	30.7	29.3	27.1	23.0	18.7
2011	17.4	22.0	27.2	30.1	31.7	32.2	30.4	30.4	29.5	28.0	22.5	18.3
2012	17.5	22.3	27.2	30.7	33.9	34.0	30.9	30.5	29.9	27.5	22.2	19.9
2013	18.3	21.8	28.2	30.7	31.4	33.0	31.3	30.9	29.6	27.3	22.0	19.1

Apêndice 2: Perceção dos agricultores sobre a experiência das alterações climáticas

Experiência em alterações climáticas			
Distrito	Dhading	Chitwan	Total
Sim	53	45	98
Não	7	15	22

Apêndice 3: Situação de autossuficiência alimentar na área de estudo

Suficiência alimentar			
Distrito	Dhading	Chitwan	Total
Menos de 6 meses	1	0	1
Menos de 12 meses	21	12	33
Autossuficiência	38	48	86

Apêndice 4: Temperatura mínima de Dhading

Ano	Jan	Fev	Mar	abril	maio	Jun	Jul	agosto	setembro	outubro	Nov	Dez
1994	9.2	9.2	15.3	17.6	20.1	21.8	22.3	22.1	20.8	17.3	12.4	9
1995	7.7	9.7	13.6	17.5	21.8	22.2	22.5	22	20.7	17.3	13	9.5
1996	8.1	10.4	15	17.7	20.4	20.7	22.4	21.9	20.8	17.1	13.2	9.8
1997	8.1	8.7	14.4	15.7	19.7	20.9	22.4	22.2	20.8	15	13.1	8.8
1998	8	10.2	12.3	16.7	19.1	22.6	22	22	21.8	19.6	14.9	10.5
1999	8.8	13.1	15.4	19.8	20.4	21	21.5	21.4	21.1	17.5	13.3	10.4
2000	8.3	8.5	12.4	17.7	20.1	21.6	21.8	21.6	20.4	17.8	13.7	9.4
2001	7.9	10.7	13.9	17.7	19.3	21.4	22.1	21.8	20.5	17.5	13.4	9.7
2002	8.4	10.6	14.8	17.3	19.3	21.5	21.8	21.6	20	16.8	12.9	9.7
2003	7.8	10	13.2	18.2	18.6	21.3	21.8	22	21.2	18.3	13.2	9.4
2004	7.9	10.5	16.4	17.1	19.8	20.7	21.8	22.4	21.3	17.1	12.2	9.8
2005	8.3	10.2	14.8	17.2	19.1	22.3	22.3	22.7	21.4	17.4	12.2	8.5
2006	8.4	13.9	14.3	16.8	20.4	21.7	22.9	22.0	20.4	17.0	13.2	9.5
2007	8.1	10.0	13.4	18.7	20.4	21.5	22.1	22.0	20.6	17.5	12.2	8.2
2008	7.4	8.3	13.7	16.5	18.3	21.2	22.8	23.3	20.4	16.6	12.7	10.4
2009	9.0	11.3	13.7	17.4	19.5	20.9	22.7	21.7	21.1	16.8	11.4	8.7
2010	7.9	9.0	15.2	16.7	18.8	21.6	21.9	21.6	20.0	16.6	12.9	8.0
2011	7.5	9.6	13.8	16.0	18.7	21.1	21.7	21.5	20.4	17.0	12.4	8.4
2012	6.7	9.4	12.6	16.9	19.7	21.8	22.1	21.7	20.8	15.5	10.3	8.1
2013	7.2	9.0	13.7	18.7	19.8	22.3	22.9	22.0	20.5	15.4	10.2	9.2

Apêndice 5: Produtividade distrital do trigo, Dhading

Ano	área Dhading	Produção	Produtividade
2001/2002	4715	7450	1.58
2002/2003	4900	8575	1.75
2003/2004	4900	8575	1.75
2004/2005	4835	9636	1.99
2005/2006	4741	9600	2.02
2006/2007	4741	9600	2.02
2007/2008	4785	9472	1.98
2008/2009	4680	7914	1.69
2009/2010	4680	7914	1.69
2010/2011	4680	7914	1.69
2011/2012	4800	9600	2.00
2012/2013	4810	12101	2.52

Apêndice 6: Temperatura máxima de Dhading

Ano	Jan	Fev	Mar	abril	maio	Jun	Jul	agosto	setembro	outubro	Nov	Dez
1994	9.3	9.3	15.6	17.9	22.6	25.3	25.8	25.6	24.3	19.3	12.4	8.2
1995	7.1	9.7	12.8	16.5	23.8	25.8	25.7	25.4	24.5	20.5	14.2	10.6
1996	9.2	10.4	15.2	17	22.3	24.5	25.5	25.4	24.6	19.9	14.1	8.6
1997	6.7	7.1	12.8	17.7	20.7	24.2	25.6	25.4	24.3	17.8	13.9	10.1
1998	8.6	10.2	13.3	18.8	23.9	26.2	25.6	25.6	25.6	22.8	16.7	12.4
1999	7.8	10.8	11.9	20.1	22.8	24.2	25.4	25.2	24.8	20.6	14.2	10
2000	8.2	8.1	12.1	18.4	23.3	25	25.4	25.5	24.1	20.2	15.2	8.1
2001	7	9.9	12.3	18.1	23	24.9	25.6	25.3	24.1	20.4	14.6	9.8
2002	8.4	10.9	14.5	19.6	22.9	24.7	25.1	25.3	23.4	19.3	13.9	9.8
2003	7.9	10.5	14.2	19.6	21.2	24.3	25.4	25.6	24.8	20.9	15.1	9.2
2004	9.0	10.3	15.8	20.2	22.6	24.4	25.3	25.9	24.4	18.8	13.0	9.7
2005	9.1	10.6	15.3	17.4	21.6	24.9	25.5	25.5	25.1	19.9	13.0	8.8
2006	8.0	14.0	12.8	18.5	23.2	24.6	26.2	25.5	24.0	19.9	14.6	10.5
2007	7.8	11.5	13.4	19.8	23.1	24.7	25.4	25.5	24.3	21.3	13.9	8.9
2008	8.5	7.6	14.7	18.9	22.3	25.1	25.7	25.5	24.3	19.7	13.8	12.0
2009	10.0	10.2	13.3	19.2	22.5	24.9	26.5	25.9	24.9	20.3	14.4	10.2
2010	10.3	11.9	19.1	23.3	25.4	26.9	26.5	26.7	25.8	22.8	17.0	9.1
2011	8.2	15.1	18.9	19.6	22.3	24.2	24.1	24.1	23.6	24.7	12.9	8.5
2012	5.9	7.5	11.9	18.0	22.1	24.4	23.6	28.0	26.6	15.3	7.5	5.9
2013	1.8	7.0	12.4	16.0	23.9	26.3	23.7	23.6	29.3	16.2	12.3	8.7

Apêndice7 : Temperatura mínima, Chitwan

Latitude: 27^0 37'

Longitude: 84^0 25'

Elevação: 256 m

Ano	Jan	Fev	Mar	abril	maio	Jun	Jul	agosto	setembro	outubro	Nov	Dez
1994	24.2	26	32	36.8	28.2	35.9	34.6	34.5	33.3	32.2	28.9	24.7
1995	21.6	25.9	31.3	37.1	39.1	33.7	33.6	33.9	33	32.7	28.8	23.9
1996	22	25.8	31..8	36.5	37.6	34	33.1	33.4	33.3	30.5	28.8	24.8
1997	22.4	25	31.5	32.5	36.2	36.4	34.4	33.8	33.2	31.1	28.3	22.2
1998	20.2	26.1	28.5	33.7	36.5	36.8	32.7	33	33.9	33.2	29.4	25.2
1999	22.9	38.2	33.5	37.9	34.8	34.4	33	33	33.5	32.2	28.9	25.3
2000	22.1	24.6	31.3	35.4	34.1	34.2	33.6	33.3	32.9	33.5	28.8	25.3
2001	23.2	27.2	33	36.7	34.6	34.2	33.9	34.4	33	32.8	29	23.7

2002	23.6	27.4	32	34.3	33.9	35.2	33.4	34.3	33.4	32.4	29.6	24.5
2003	20.5	26	29.6	34.8	35.5	34.2	33.7	33.9	33.2	32.8	29	24.7
2004	21.3	26.4	33.2	33.4	34.9	34.6	33	34.5	33.3	31.5	28.1	24.7
2005	23.2	26.3	32.4	36.2	35.9	36.6	33.1	33.0	34.5	31.5	28.2	25.0
2006	23.0	28.5	32.4	34.8	35.1	34.7	34.3	34.7	33.4	32.9	28.5	24.3
2007	22.3	24.4	30.0	35.4	36.4	34.7	32.5	33.9	32.5	32.3	29.7	24.4
2008	22.3	24.3	31.4	35.8	35.5	33.2	33.2	32.5	33.1	31.1	28.1	24.0
2009	23.4	27.8	32.5	37.5	35.4	35.1	33.8	32.6	33.6	31.2	26.9	23.4
2010	20.0	25.4	33.1	38.1	35.2	35.4	33.5	33.5	32.8	31.4	27.1	24.0
2011	20.3	26.1	31.1	34.6	34.0	34.0	32.6	33.0	32.9	32.0	26.2	21.9
2012	20.9	25.1	30.2	34.3	37.0	35.1	33.3	33.7	32.7	31.1	27.5	22.6
2013	21.0	25.7	31.9	34.6	35.0	34.2	33.3	33.7	30.1	27.3	21.7	27.4

Apêndice 8: Dados sobre a precipitação em Dhading e Chitwan

Dhading			Chitwan		
Ano	total anual	Sazonal chuva para o trigo	ano	Chuvas sazonais para o trigo	total anual
1994	1545.1	90.2	1994	110.8	1947.6
1995	1918.3	200.5	1995	108.7	1941.9
1996	1540.5	104.3	1996	102.1	1783.8
1997	1720.7	277.5	1997	316.3	2141.2
1998	2003.6	153.6	1998	195.2	2743.9
1999	3025.2	17.4	1999	10.7	2541.9
2000	2014.9	64.3	2000	108.5	1949.6
2001	1415.9	236.2	2001	108.8	2340.1
2002	1804.2	256.8	2002	248.1	2683.9
2003	2100.6	266.6	2003	268.2	2693.8
2004	1540	109.2	2004	254.9	2041.9
2005	1303.4	196.0	2005	106.2	1732
2006	1472.1	229.1	2006	150.1	1997.2
2007	1474.2	300.0	2007	233.4	2742.6
2008	1417.3	175.5	2008	93	1800.7
2009	1144	140.4	2009	9.6	1889.3
2010	1373.8	178.6	2010	165	2060
2011	1774	234.1	2011	177.4	1966.7
2012	1699.1	191.3	2012	306.4	1730
2013	1757.3	356.2	2013	73.3	1466.1

Apêndice 9: Produtividade distrital, Chitwan

Ano	ÁreaChitwan	Produção	Produtividade
2001/2002	10100	20700	2.05
2002/2003	10100	23700	2.35
2003/2004	10000	25586	2.56
2004/2005	8450	22000	2.60
2005/2006	8760	22426	2.56
2006/2007	9015	22520	2.50
2007/2008	9010	23600	2.62
2008/2009	9010	21004	2.33
2009/2010	9010	23200	2.57
2010/2011	8728	26533	3.04
2011/2012	8750	27125	3.10
2012/2013	8750	30125	3.44

Apêndice 10: Descrição das variáveis utilizadas no modelo logit

Variáveis	Descrição	Unidade	Sinal esperado
Idade	Idade do chefe do agregado	Ano	-/+
Educação	Escolaridade do chefe do agregado analfabeto ou alfabetizado (1/0)	=1 analfabeto = 0 caso contrário	+
Ocupação	Ocupação do chefe do agregado Agricultura ou outra (1/0)	= 1 Agricultura = 0 caso contrário	-/+
Dimensão da exploração	Dimensão total das terras cultivadas	Ha	+
Rendimento total	Rendimento total da produção de trigo	NRs	+
Casta	Etnia dos inquiridos	= 1 Brâmanes/ Chhetri:0 caso contrário	+/-
Despesas totais	Total das despesas de trigo	NRs	-
Tamanho da família	Dimensão média da família		
LSU	Unidade padrão de gado	= 1 com gado 2=caso contrário	+
Género	Sexo do chefe do agregado familiar	=1 homem; 2 mulheres	+/-
Exploração de terras para trigo	Dimensão total da superfície cultivada com trigo	Ha	+
Tipo de casa	Casa de betão ou outros tipos (1/0)	=1 betão; 0 = Caso contrário	+

Adaptação	Adaptação ou não das medidas de atenuação das alterações climáticas	= 1 se adaptado 0 = caso contrário	+
Autossuficiência alimentar	Se a família é ou não autossuficiente em termos alimentares	= 1 suficiente = 0 caso contrário	+

Apêndice 11: Resultados da regressão logit para identificar o fator que influencia a prática de mais estratégias de adaptação aos impactos das alterações climáticas na agricultura na área de estudo

```
bb  Saturday July 11 14:22:31 2015   Page 1

                                                   Statistics/Data Analysis

                                                     User: data sheet
                                                   Project: bb

                            10.0   Copyright 1984-2007
   Statistics/Data Analysis        StataCorp
                                   4905 Lakeway Drive
                                   College Station, Texas 77845 USA
                                   800-STATA-PC        http://www.stata.com
                                   979-696-4600        stata@stata.com
                                   979-696-4601 (fax)

10-user Stata for Windows (network) perpetual license:
       Serial number:  1910518231
         Licensed to:  Departement Maatschappijwetenschappen
                       Wageningen UR

Notes:
      1.  (/m# option or -set memory-) 1.00 MB allocated to data
      2.  New update available; type -update all-

1 . use "C:\Users\dell\Desktop\data rampur upa\Krishna data.dta", clear

2 . sum

    Variable |       Obs        Mean    Std. Dev.       Min        Max
-------------+--------------------------------------------------------
    DISTRICT |       120          .5    .5020964          0          1
     AGE_HHH |       120    51.80833    12.93766         27         85
     GEN_HHH |       120          .9    .3012579          0          1
       CASTE |       120    .6166667     .488237          0          1
    FM_1_EDU |       120    .2333333     .424726          0          1
-------------+--------------------------------------------------------
    FM_1_OCC |       120        .775    .4193332          0          1
    HA_TYPE_ |       120          .5    .5020964          0          1
    LHS_TOTA |       118    11.51271    10.18493          0       51.5
    Land_hol |       121    .4759504    .4861183          0       2.58
    ADAPTION |       119     .487395    .5019546          0          1
-------------+--------------------------------------------------------
    FOOD_SEF |       117    .7094017    .4559913          0          1
         LSU |       120    7.589333    19.69458          0     133.61
    Total_in |       120    11606.67    9467.492       1100      49500
    Total_ex |       120    7919.563    3487.731       2125      16600
          FS |       120       5.125    1.826796          2         10

3 . logit ADAPTION DISTRICT GEN_HHH AGE_HHH CASTE FM_1_EDU FM_1_OCC HA_TYPE_ LHS_TOTA  FOOD_SEF LSU T

Iteration 0:   log likelihood = -78.860811
Iteration 1:   log likelihood = -63.780559
Iteration 2:   log likelihood = -62.659791
Iteration 3:   log likelihood = -62.586812
Iteration 4:   log likelihood = -62.586096
Iteration 5:   log likelihood = -62.586096

Logistic regression                               Number of obs   =        114
                                                  LR chi2(13)     =      32.55
                                                  Prob > chi2     =     0.0020
Log likelihood = -62.586096                       Pseudo R2       =     0.2064
```

ADAPTION	Coef.	Std. Err.	z	P>|z|	[95% Conf.	Interval]
DISTRICT	-.0817333	.4982432	-0.16	0.870	-1.058272	.8948055
GEN_HHH	-2.946678	1.293577	-2.28	0.023	-5.482042	-.4113145
AGE_HHH	-.0042698	.0193126	-0.22	0.825	-.0421217	.0335821
CASTE	.641262	.5068902	1.27	0.206	-.3522247	1.634749
FM_1_EDU	.2679208	.61426	0.44	0.663	-.9360067	1.471848
FM_1_OCC	-.23841	.5811225	-0.41	0.682	-1.377389	.9005692
HA_TYPE_	-1.007002	.4919436	-2.05	0.041	-1.971194	-.0428103
LHS_TOTA	.0247769	.0274544	0.90	0.367	-.0290328	.0785866
FOOD_SEF	-.2472818	.5302138	-0.47	0.641	-1.286482	.791918
LSU	.0038351	.0116494	0.33	0.742	-.0189972	.0266674
Total_in	-.0001114	.0000392	-2.85	0.004	-.0001882	-.0000347
Total_ex	.0000269	.000078	0.35	0.730	-.0001259	.0001797
FS	-.2516567	.1489377	-1.69	0.091	-.5435691	.0402558
_cons	5.246676	1.736919	3.02	0.003	1.842376	8.650975

. mfx

Marginal effects after logit
y = Pr(ADAPTION) (predict)
= .47593173

variable	dy/dx	Std. Err.	z	P>|z|	[95% C.I.	]	X
DISTRICT*	-.0203839	.12421	-0.16	0.870	-.263837	.223069	.508772
GEN_HHH*	-.5226774	.1041	-5.02	0.000	-.726715	-.31864	.903509
AGE_HHH	-.001065	.00482	-0.22	0.825	-.010506	.008376	51.9737
CASTE*	.1576184	.12153	1.30	0.195	-.080575	.395812	.640351
FM_1_EDU*	.0668757	.15295	0.44	0.662	-.2329	.366652	.201754
FM_1_OCC*	-.0595153	.14489	-0.41	0.681	-.343489	.224459	.763158
HA_TYPE_*	-.2458124	.11506	-2.14	0.033	-.471317	-.020308	.482456
LHS_TOTA	.0061799	.00684	0.90	0.366	-.007232	.019591	11.3904
FOOD_SEF*	-.0617146	.13212	-0.47	0.640	-.320675	.197246	.719298
LSU	.0009566	.00291	0.33	0.742	-.004738	.006651	7.66026
Total_in	-.0000278	.00001	-2.86	0.004	-.000047	-8.7e-06	11801.8
Total_ex	6.71e-06	.00002	0.34	0.730	-.000031	.000045	7982.26
FS	-.0627684	.03709	-1.69	0.091	-.135471	.009934	4.95614

(*) dy/dx is for discrete change of dummy variable from 0 to 1

5 . estat gof

Logistic model for ADAPTION, goodness-of-fit test

```
       number of observations =       114
 number of covariate patterns =        71
            Pearson chi2(57) =       159.23
                 Prob > chi2 =         0.0000
```

6 . estat class

Logistic model for ADAPTION

Classified	True D	True ~D	Total
+	40	14	54
-	14	46	60
Total	54	60	114

```
bb  Saturday July 11 14:22:33 2015   Page 3

Classified + if predicted Pr(D) >= .5
True D defined as ADAPTION != 0
--------------------------------------------------
Sensitivity                     Pr( +| D)   74.07%
Specificity                     Pr( -|~D)   76.67%
Positive predictive value       Pr( D| +)   74.07%
Negative predictive value       Pr(~D| -)   76.67%
--------------------------------------------------
False + rate for true ~D        Pr( +|~D)   23.33%
False - rate for true D         Pr( -| D)   25.93%
False + rate for classified +   Pr(~D| +)   25.93%
False - rate for classified -   Pr( D| -)   23.33%
--------------------------------------------------
Correctly classified                        75.44%
--------------------------------------------------

7 . lroc

Logistic model for ADAPTION

number of observations =      114
area under ROC curve   =   0.8046

8 . linktest

Iteration 0:   log likelihood = -78.860811
Iteration 1:   log likelihood = -61.906102
Iteration 2:   log likelihood = -59.799395
Iteration 3:   log likelihood =  -59.51553
Iteration 4:   log likelihood = -59.509835
Iteration 5:   log likelihood = -59.509833

Logistic regression                             Number of obs   =        114
                                                LR chi2(2)      =      38.70
                                                Prob > chi2     =     0.0000
Log likelihood = -59.509833                     Pseudo R2       =     0.2454

------------------------------------------------------------------------------
    ADAPTION |      Coef.   Std. Err.      z    P>|z|     [95% Conf. Interval]
-------------+----------------------------------------------------------------
        _hat |   1.240077   .2813534     4.41   0.000     .6886344     1.79152
      _hatsq |   -.245987   .0977284    -2.52   0.012    -.4375311   -.0544428
       _cons |   .2381631   .2433881     0.98   0.328    -.2388688    .7151949
------------------------------------------------------------------------------
```

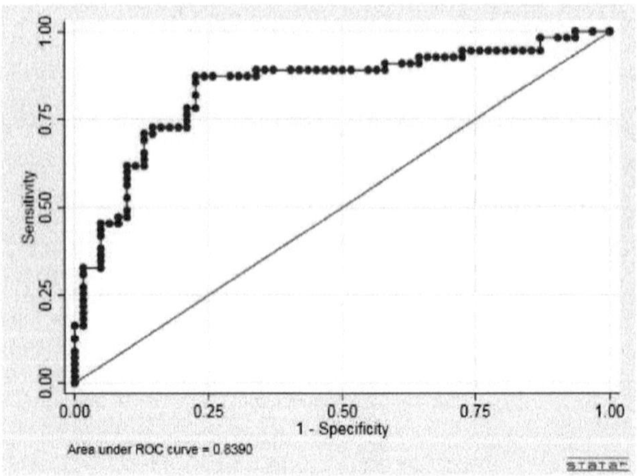

MIX
Papier aus verantwortungsvollen Quellen
Paper from responsible sources
FSC® C105338

Printed by Books on Demand GmbH, Norderstedt / Germany